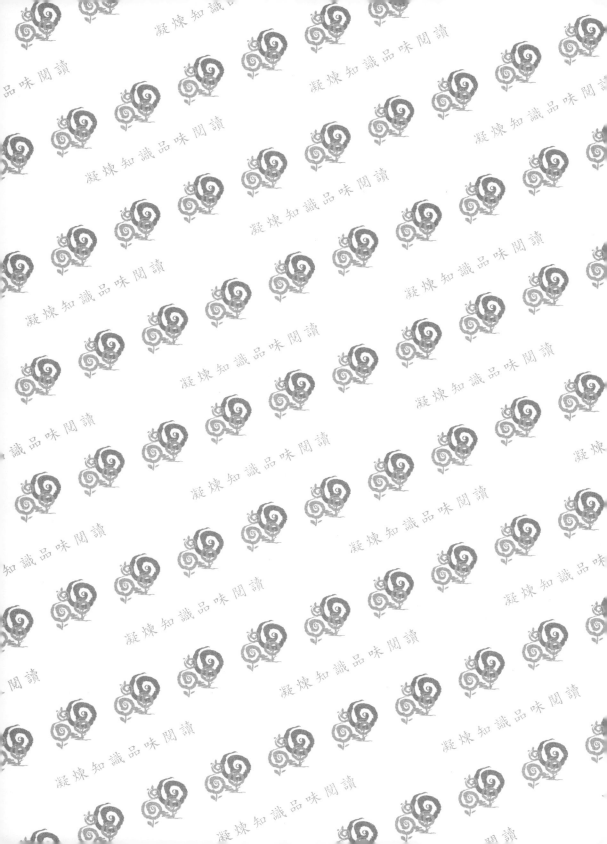

電子海圖－
整合式導航資訊系統

張淑淨 著

Electronic Navigational Chart -Integrated Information and Display

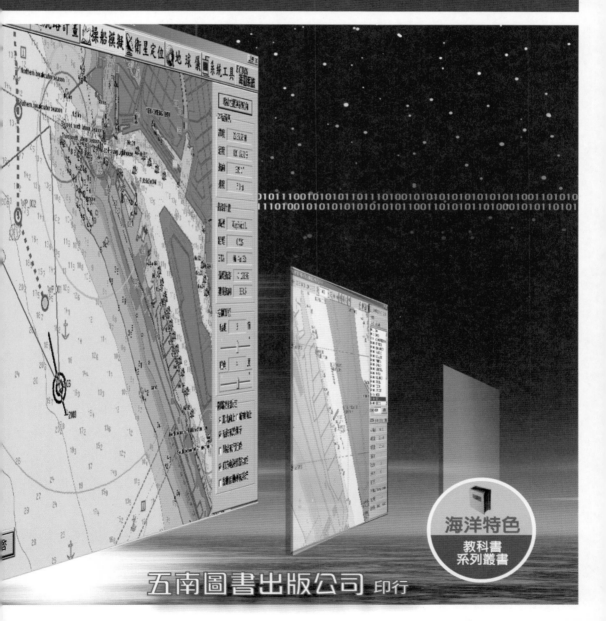

海洋特色
教科書
系列叢書

五南圖書出版公司 印行

目　錄

圖目錄

表目錄

第 1 章

導　論

1.1　前言

　　隨著全球「電子海圖」資料庫的逐漸成形，「電子海圖顯示與資訊系統 (Electronic Chart Display and Information System, ECDIS)」已被國際公約列為高速船舶的強制性必要設備，預期近年內將擴大適用範圍強制更多SOLAS 船舶安裝。實際上不待公約要求，ECDIS已成為船上最受倚賴的重要航儀之一，在提高航行安全與效率方面的效益普獲肯定。

　　由於ECDIS是一個複雜的整合系統，且攸關航行安全，ECDIS被認為是電子航海、電子航儀等課程的重點之一。ECDIS訓練課程也被國際海事組織 (IMO)與各國認為是繼雷達之後，船員培育與訓練的重點項目。此外，因電子海圖承載著最基本的海域環境資訊，認識電子海圖是資訊化時代海洋教育的重要一環。然而，關於電子海圖與ECDIS的教材相當少，可說是僅見於電子航海、電子航儀、海事無線電導航與通訊等相關教材中概述式的介紹。

　　因此，期望以本書充分提供電子海圖與ECDIS學習教材與研發資訊，達成下列目標：

　　從資料、系統、整合、國際法規與服務運作架構等各面向，了解「電子海圖」和「電子海圖顯示與資訊系統(Electronic Chart Display and Information System, ECDIS)」提高航行安全與效率的設計原理與基本功能，實務操作應用上可能損及系統效能甚至危及航安的限制因素與因應方式，以及相關應用與研發的現況與趨勢。善用並發揮ECDIS的最大效益，避免重蹈雷達時期的覆

輾一因誤解或過度信賴而造成科技導致的海難。

1.2 電子海圖的發展歷程

　　在電子資訊技術的發展下，大約從1977年開始有一些國家海測局以電腦輔助繪圖系統製作紙海圖，國際間開始有提議訂定數位資料交換標準以利各國海測局交換紙質海圖的數位資料，1980年代初期也已有許多專家學者開始嘗試發展電子海圖。

　　1983年，國際海測組織(International Hydrographic Organization, IHO)正式成立數位資訊交換委員會(Committee on the Exchange of Digital Data：CEDD)負責擬訂海圖數位資料的標準交換格式，CEDD於1986年提出了「IHO DX-87」格式。同年，IHO在北海區域海測委員會的建議下成立電子海圖顯示與資訊系統(Electronic Chart Display and Information System, ECDIS)委員會(Committee on ECDIS, COE)，進而於1987年與聯合國國際海事組織(International Maritime Organization, IMO)共同組成IHO/IMO電子海圖顯示與資訊系統協調小組，全力推動電子海圖以及電子海圖顯示與資訊系統的研究發展。

　　國際合作性質的電子海圖試作與ECDIS系統海上試驗計畫始於1988年間的「The North Sea Project」，挪威、丹麥、瑞典、德、荷、比、法、英、加、美、芬蘭等國都有參與。該次大規模的海上試驗計畫，使IHO體會到必須為ECDIS制定另一套交換格式標準。在測試過加拿大發展的「MACDIF」、北大西洋公約組織(NATO)的「DGIWG」等各種不同格式後，IHO的COE與CEDD於1989年的聯合會議上決議採用的新標準稱為「IHO DX-90」。

　　IHO於1992年後將DX-90改稱為S57 v.2(第二版)數位海測資料交換標準。S57採用了將資料與顯示方式分離的物件式資料模型，因此IHO同時制定了S52做為ECDIS海圖內容與顯示的標準。S57規範了資料模型、資料結構、物件與屬性編碼、電子海圖產品規範等，S57物件資料用於ECDIS時的內容與顯示方式、色彩符號、與更新方式等則由IHO S52所規範。IHO於1996年刊行S57第3.0版(稱為S57 Edition 3.0)，2000年又增刪修改部分物件與屬性成為第3.1版。此外，為了驗證資料來源並保護電子海圖資料，避免被非法複製或更

改，IHO更於2003年通過S63資料保護系統(IHO Data Protection Scheme)。

　　另一方面，IMO於1995年大會中決議通過電子海圖顯示與資訊系統效能標準(Performance Standards for ECDIS)，以下簡稱ECDIS PS。標準中要求ECDIS使用的資料必須是符合S57的官方電子海圖(Official ENC)，而且其內容與顯示必須符合S52，使符合此標準的ECDIS具有等同於紙質海圖的法律效力。IMO海上人命安全公約(SOLAS)於2002年最新修訂的第五章「航行安全」中對於「海圖或航海刊物」的定義，也因為ECDIS以及最新發展的各種官方版航海資訊產品，而從「特殊用途的地圖或書籍」延伸包括「特殊編輯的資料庫」。

　　衛星定位測量、多音束測深儀、側掃聲納等的應用發展使得海測技術與作業有了相當大的變革，海洋國土意識的日益強化則使得資訊基礎建設的需求逐漸延伸到了海域，國內國土資訊系統的海域資料庫開始有了進展、國外的智慧型海運系統(Maritime Intelligent Transportation System)與國際的海洋電子公路(Marine Electronic Highway, MEH)則已形成趨勢。為了以現代化的海道測量服務有效回應航行效率與安全、海洋環境保護、海岸管理、和敏感生態系統監測等的需求，IHO已著手將S57標準延伸至其他海洋應用。新的海域資訊交換標準原本稱為S57第4.0版，但目前已決議改為全新的S-100標準。S-100主要目標設定在支援更多樣化的海測相關數位資料來源、需求、產品、技術、以及客戶。在資料方面將包括矩陣、網格資料、三度空間與時變資料(x, y, z與時間)，而新的應用也將超越傳統海道測量的範疇，例如：高密度海底地形圖、海床分類、海洋地理資訊系統。另外，也將能利用網路服務提供資料的搜尋、瀏覽、查詢、分析、以及傳輸。更重要的是，S100將採用國際標準組織(International Standards Organization, ISO)地理空間資訊標準的架構，同步成為ISO 19100系列的標準。

1.3　電子航海圖的法律面與規範要求

1.3.1　船舶攜帶航海圖的要求

　　航海圖本是特別為了航海需求而設計的地圖，以地圖的形式提供資訊讓航海者能安全航行。IMO海上人命安全國際公約(SOLAS)對於船舶攜帶航海圖的條文主要在第五章「航行安全」：

　　－第2條定義「航海圖(nautical charts)」

　　－第19條規定各種船舶應該攜帶或裝設的航海設備

　　－第27條要求必須使海圖與航海刊物保持在最新的狀態

　　SOLAS定義航海圖的原文如下：

IMO SOLAS V/2

2.2　*Nautical chart or nautical publication is a special-purpose map or book, or a specially compiled database from which such a map or book is derived, that is issued officially by or on the authority of a Government, authorized Hydrographic Office or other relevant government institution and is designed to meet the requirements of marine navigation.*

　　從條文中可看出兩個要點：一、航海圖或航海刊物可以是地圖、書籍或特殊編輯的資料庫，也就是說包括電子海圖與電子化的航海刊物；二、SOLAS要求使用的海圖與航海刊物必須是具有政府授權的官方版。

　　SOLAS要求船舶攜帶航海圖與航海刊物的要求原文如下：

IMO SOLAS V/19

2.1　*All ships irrespective of size shall have:*

2.1.4　*nautical charts and nautical publications to plan and display the ship's route for the intended voyage and to plot and monitor positions throughout the voyage; an Electronic Chart Display and Information System (ECDIS) may be accepted as meeting the chart carriage requirements of this subparagraph;*

2.1.5　*back-up arrangements to meet the functional requirements of subparagraph 2.1.4, if this function is partly or fully fulfilled by electronic means; 1*

　　條文中要求：所有船舶必須就其預定航程備齊海圖與航海刊物，以規劃顯示船舶航路，並全程測繪監視船位；ECDIS可以被視為符合此條款對於攜帶海圖的要求。但如果部分或全部功能是採用電子方式，則必須同時有足以

符合功能要求的備援安排。

　　SOLAS要求船舶必須依其預定航程攜帶足夠的海圖與航海刊物(例如：航行指南、燈塔表、航船佈告、潮汐表等)，並維持其正確與最新的條文如下：

IMO SOLAS V/27

Nautical charts and nautical publications, such as sailing directions, lists of lights, notices to mariners, tide tables and all other nautical publications necessary for the intended voyage, shall be adequate and up to date.

1.3.2　各國政府的責任

　　海上人命安全(SOLAS)國際公約第五章「航行安全」第9條「海道測繪服務(Hydrographic services)」明確要求各國政府必須蒐集、編輯、刊行、發布並維護更新航行所需的航海資訊(包括航海圖、航行指南、燈塔表、潮汐表與航船佈告)，並提供支援這些服務所需的資料管理機制；各國政府必須確保其海圖與航海刊物符合相關的國際決議與建議規範；各國政府也必須儘可能互相協調以確保其海圖與航海刊物能即時、可靠、明確地提供全球化使用。

　　條文中所指的國際決議與規範建議主要如下：

IHO M-4: Regulations of the IHO for International (INT) Charts and Chart Specifications of the IHO, Edition 3.003, August 2006

IHO S-32 Appendix 1: Hydrographic Dictionary - Glossary of ECDIS Related Terms, 2007

IHO S-52 : Specifications for Chart Content and Display Aspects of ECDIS, 5th edition, 1996

IHO S-52 Appendix 1: Guidance on Updating the Electronic Navigational Chart, 3rd edition

IHO S-52 Appendix 2: Colour and Symbols Specifications for ECDIS, Edition 4.2, March 2004

IHO S-57 Edition.3.1: IHO Transfer Standard for Digital Hydrographic Data, International Hydrographic Bureau, Nov. 2000.

IHO S-57 Appendix B.1 - ENC Product Specification, Edition 2.0.

IHO S-58 Ed.2.0, Recommended ENC Validation Checks, 2003.

IHO S-63: IHO Data Protection Scheme, Ed.1.0, 2003

IHO S-65: ENC Production Guidance, Ed.1.0, 2005

1.3.3　與紙海圖的等同性

SOLAS第19條第2.1.4款賦予ECDIS等同於紙海圖的法律地位，然而究竟怎樣的電子海圖與系統才能被認定為滿足SOLAS對於攜帶海圖的要求，而等同於紙海圖的ECDIS呢？根據SOLAS第18條第4款，其必要條件是：必須符合IMO所訂定的A.817(19)：ECDIS效能標準(performance standard)決議案，以下簡稱ECDIS PS。

ECDIS PS則要求ECDIS使用的海圖資訊必須是由政府授權製作發行，符合IHO相關標準的最新版資訊。具體說明如下：

船舶使用的ECDIS設備必須通過ECDIS型式認證(檢驗標準是IEC61174)證明符合ECDIS PS。

ECDIS使用的電子海圖必須是各國政府授權出版，且資料結構、定義與格式符合IHO S57國際標準ENC電子海圖產品規格的最新版電子海圖資料庫。

ECDIS真正用以產生海圖顯示並執行其他導航功能的資料庫是SENC(System Electronic Navigational Chart)。ECDIS必須完整無誤地將ENC及其更新資料載入到SENC。且SENC的內容必須適當而充分，並且適時更新以保持在最新資訊的狀態，以符合SOLAS公約的要求。等同於保持最新資訊狀態之紙海圖的也是SENC。

1.3.4　ECDIS設備效能標準

IMO ECDIS PS最初於1995年IMO第19屆大會通過，成為A.817(19)決議案。IMO於第21屆大會通過A.886(21)決議案，把採納及修訂設備性能標準與技術規範的功能交給海事安全委員會(Maritime Safety Committee, MSC)與海洋環境保護委員會(Marine Environment Protection Committee)代表IMO執

行。A.817(19)決議案後續分別有MSC.64(67)與MSC.86(70)兩次增訂決議，2006年12月更通過MSC.232(82)決議案大幅修改ECDIS性能標準的條文架構。2009年1月1日起安裝的ECDIS設備必須符合MSC.232(82)；而1996年1月1日後，2009年1月1日前安裝的ECDIS設備則必須符合A.817(19)、MSC.64(67)和MSC.86(70)。

ＥＣＤＩＳ設備的型式認證與檢驗標準則是由國際電子技術委員會(International Electrotechnical Commission, IEC)制定的IEC 61174: "Electronic Chart Display and Information Systems (ECDIS)-Operational and Performance Requirements, Method of Testing and Required Test Results"。

1.3.5 強制安裝ECDIS設備的要求

2006年12月IMO MSC通過修正「國際高速船安全規則(International Code of Safety for High Speed Craft, HSC Code)」，要求2008年7月1日起新造的高速船必須安裝ECDIS，而且所有高速船最遲於2010年7月1日必須前安裝ECDIS。原文如下：

"13.14.2 All craft, including existing craft, should be fitted with an ECDIS not later than 1 July 2010."

同時MSC也已經指示其「航行安全分組委員會(NAV)」就挪威等國擴大要求其他各類船舶安裝ECDIS的提案進行討論，並於2008年提出報告。而在2007年的NAV 53會議中，擴大強制安裝ECDIS的提案已獲得相對多數國家的支持。通過該提案的主要障礙或顧慮在於官方的電子航海圖還沒辦法涵蓋全球。

為了及時提供足夠的官方電子航海圖(official ENC)給高速船的ECDIS使用，也為了排除擴大強制安裝ECDIS的障礙，IHO已要求各會員國於2008年7月1日前建立成熟的系統以製作並維護更新本國管轄水域內的電子航海圖，否則同意由他國代為製作發行。

1.3.6　訓練要求

　　ECDIS是否有訓練要求？「航海人員訓練、發證及當值標準國際公約 (Standards of Training, Certification and Watch-keeping for Seafarers, STCW)」的條文對於ECDIS的規定看似模糊，其實不然。無論是電子航海圖還是紙質的航海圖，就功能而言應該同等對待。STCW把ECDIS系統列在「航海圖」項目下。依據STCW的要求，航海人員必須擁有充分的知識與能力使用航海圖與航海刊物，必須展現並證明已具有技術與能力可準備航行並執行航行，包括解讀並應用航海圖。

　　由此可見：ECDIS訓練和航海圖訓練一樣是屬於必要的訓練。如果把ECDIS當作「航海圖」使用，則使用者必須在使用ECDIS時展現出等同於在傳統航海圖上展現的海圖作業能力。

　　IMO是否需要另訂強制性的ECDIS訓練要求呢？目前IMO尚未訂定強制性的ECDIS訓練要求。但是在「國際安全管理規則(International Safety Management Code, ISM Code)」的規範下，船東有責任確保船上人員熟悉他們的工作任務。如果裝設ECDIS的船舶在海上以ECDIS做為主要的航行工具，船東就有責任提供ECDIS訓練以確保使用ECDIS的人員熟悉該設備，否則未來可能會有保險與責任方面的問題。

　　ECDIS訓練的最終目的是提升航行安全，具體目標可概略分為下列幾方面：

　　1. 安全地操作ECDIS設備。

　　2. 適當使用ECDIS相關資訊。

　　3. 知道ECDIS的相關限制。

　　4. 了解電子航海圖的相關法律問題與責任。

　　針對這些目標，IMO的「訓練與航行當值標準委員會(Committee on Standards for Training and Watch-keeping, STW)」已經通過了ECDIS操作訓練的規範課程—Model Course 1.27: "The Operational Use of Electronic Chart Display and Information System (ECDIS)"。此ECDIS規範課程分為17個主題，各主題之間的關係如圖1-1：

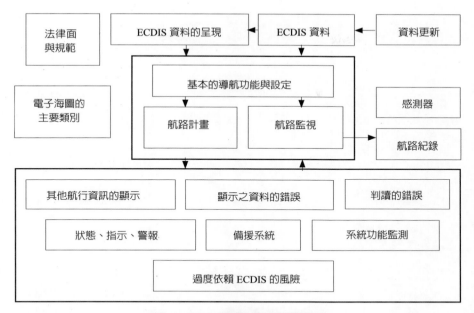

圖1-1 ECDIS訓練相關主題的關聯圖

第2章

電子海圖系統的主要類型

2.1 電子海圖系統的類別

「全球定位系統(Global Positioning System, GPS)」的運作提供了船舶準確而連續的即時定位資訊。然而GPS船位坐標必須配合地圖或海圖才能真正用於導航。傳統在紙海圖上標繪船位的方式既耗時費事又容易產生疏失，將會使得GPS即時準確定位的特點大打折扣。更何況隨著資訊技術的發展，電腦製圖繪圖、地理資訊系統(Geographic Information System, GIS)與空間資訊分析等技術已經能賦予電子海圖充份的智慧性，使電子海圖不再只是GPS定位資訊的背景。整合電子海圖的GPS可以說是安全而有效率的航行的起點。

基於GPS定位的船舶導航系統，大致可以依照功能與價位等級分為以下幾類：

1. GPS航跡儀(GPS Plotter)或航路導航系統

具有基本航路功能的GPS接收機，沒有電子海圖，但可以設定並儲存千百個航路點和多個航線。在選定航線航行時，可以隨時顯示出下一個航路點相對於本船的距離與方位，有些也可以提供偏航指示與警告功能以協助航海人員。

2. 電子海圖航跡儀(Electronic Chart Video Plotter)

結合了定位系統(通常是GPS)、簡單的數位海圖(digital chart)資料庫和一個顯示器。Chart Plotter除了普遍具有航路導航功能以外，重點是在數位海

圖上顯示船舶航跡。這些數位海圖通常是簡單的向量圖，可以顯示海岸線、助導航設施、危險區等基本海圖資訊。這類系統大部份有「人員落水(Man Overboard)」功能，可以用按鍵把事件地點記錄成航路點，並且本船的位置點連線，使航海人員可以回到正確的地點搜救。

3. 電子海圖系統(Electronic Chart System, ECS)

泛指所有不符合國際海事組織(IMO)ECDIS設備性能標準的電子海圖系統。ECS系統使用的電子海圖資料可能是網格式(raster)或向量式(vector)。各系統之間的功能差異相當的大，基本上依系統的軟體設計和系統使用的電子海圖資料庫而定。

4. 電子海圖顯示與資訊系統(ECDIS)

使用國際海測組織(IHO)S57 ENC(電子航海圖)資料庫，系統功能符合國際海事組織(IMO)的ECDIS設備性能標準。使用官方ENC的ECDIS系統和紙海圖具有同等的法律地位，也就是說使用官方ENC與ECDIS就可以取代紙海圖。ECDIS的功能特點包括：可以查詢任一海圖圖徵的詳細資訊(例如：燈塔之燈質)、可依照本船安全水深條件自動調整海圖的顯示等。防擱淺及防碰撞等自動警告的航路監視功能更是重要的設計特點。

5. 雙燃料ECDIS(Dual Fuel ECDIS)

在此所謂「雙燃料」是指這類ECDIS系統可以兼用不同格式的電子海圖資料庫：在有S57 ENC的地區使用S57 ENC時可符合ECDIS標準，在尚未發行S57 ENC之區域則可以採用網格式或其他向量式電子海圖運作。但在使用非S57 ENC之電子海圖時仍須配合使用正確最新的紙海圖。

2.2 電子航海圖的類別

2.2.1 網格式電子海圖

網格式電子海圖(Raster Chart)基本上是紙海圖掃描複製後的電子化影像，看起來就像紙海圖一樣，實際上儲存的是代表影像圖檔各個像點

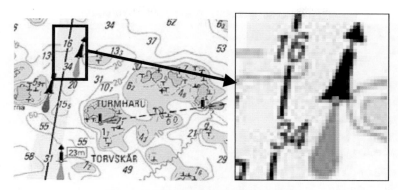

圖2-1　網格式電子海圖和放大顯示的效果

(pixel)顏色的數值。就像使用紙海圖一樣，網格式電子海圖的使用者得要自己判讀由像點組成的各個圖徵符號、顏色、文字、數字代表什麼意義。放大或縮小顯示的時候，基本上只是把影像圖檔的像點顏色以更多或更少的螢幕像點顯示而已，整幅海圖的可讀性會受到影響，就像圖2-1的右圖。

　　使用網格式電子海圖時，必須把影像坐標的x, y值對應到地理坐標的經緯度值。為此網格式電子海圖會在影像檔裡面提供幾個參考點的影像坐標與地理坐標對應值，或是坐標轉換多項式的幾組係數，供電子海圖系統軟體計算取得海圖顯示幕上游標位置的經緯度，或是把船位正確顯示在海圖上。

　　電子海圖系統常用的網格式電子海圖格式有：英國British Admiralty ARCS(Admiralty Raster Chart Service)的HCRF(Hydrographic Chart Raster Format)格式、美國國家海洋大氣總署(NOAA)的BSB，和國際標準的網格式航海圖IHO S61 RNC(Raster Navigational Charts)。

　　嚴格來說IHO S61 RNC並不是一種電子海圖格式，而是ECDIS運作於RCDS模式時，使用的網格式電子海圖必須符合的最低要求。這個網格式電子海圖產品規格並沒有定義網格資料結構，由製作網格式航海圖的國家海測局自行選擇資料結構，甚至檔案格式。依據IHO S61的要求，RNC的內容必須包括影像資料和詮釋資料(meta-data)，影像的解析度和坐標準確度在使用上都要和原始紙海圖相當。所謂的「詮釋資料」是用來說明資料的資料。詮釋資料的格式由製作該RNC的國家海測局自行決定，但內容應該包含表2-1所列的資訊項目。

表2-1　IHO S61標準網格式航海圖應提供的詮釋資料項目

項次	網格式航海圖(RNC)詮釋資料項目內容	
1	製圖機構	
2	RNC號碼	
3	其他海圖識別(例如圖號)	
4	RNC版本日期	
5	海圖版本日期或版次	
6	最新套用的海圖更新或是航船布告	
7	前一次套用的海圖更新或是航船布告	
8	海圖比例尺	
9	適用於該海圖投影方式的真北方向	
10	投影方式和投影參數	
11	水平坐標基準	
12	和WGS84或PE-90坐標基準之間的水平坐標偏移量	
13	垂直坐標基準	
14	深度與高度的單位	
15	影像檔的像點解析度(以每吋或每毫米的像點數表示)	
16	RNC像點坐標和地理坐標之間互相轉換的機制(演算法與參數)	
17	日間、夜間、以及黃昏用的配色板－日間用紙海圖的配色，其他則應盡量接近ECDIS用的IHO S52配色方式	
18	圖廓或是圖上分區的註記、圖表等資訊	
19	提供資料品質資訊的圖料表資訊	

2.2.2　向量式電子海圖

　　向量式電子海圖(Vector Chart)以點、線、面定義海圖圖徵的空間位置與幾何。因為海圖圖徵是以向量式的坐標幾何定義的，所以在放大的時候不會有鋸齒狀或模糊不清的情形，例如：線是由一系列的點坐標定義的，放大顯示時仍是連接這些點來畫成線，線的寬度也不會受影響。把紙海圖數位化成向量式電子圖檔的第一步，是把紙海圖固定在數化板(digitizer)上，並選取控制點來設定數化板上的平面坐標和紙海圖上標示的地理坐標之間的對應關係。另一個方式是先把紙海圖掃描成影像檔(例如：TIFF格式的圖檔)，顯示在電腦螢幕上，選取控制點來設定影像檔的像點坐標對應的地理坐標值。接著再用軟體(通常是GIS軟體)提供的描跡追蹤工具，依據海圖圖例判讀圖徵類

別，取得海圖上各圖徵點、線與面邊線的經緯度坐標，分類分層儲存在電腦檔案和資料庫裡。例如：在圖上各等深線沿線取得足夠的點坐標，再輸入該等深線的深度值，儲存在等深線圖層或檔案；取得水深點的經緯度坐標，再輸入該點的水深值，儲存在水深點圖層或檔案；取得海上區界邊界線經緯度坐標，從符號判讀該區域屬於禁漁區、錨區、還是軍事演習區等，分類儲存這些特徵。最後再處理製作成各種向量式的電子海圖檔案。

　　由於向量式電子海圖在製圖過程中已經經過人為判讀後分類儲存，通常可以篩選要顯示的圖徵類別或圖層。而且圖檔可以只儲存海圖資料內容，至於海圖內容要如何呈現，可以另外用符號庫(symbol library)定義符號、顏色、甚至條件式的顯示規則，再以系統軟體實現適應性的多樣化電子海圖顯示。

　　電子海圖系統常用的向量式電子海圖格式有：C-map公司的CM 93/3、Transas公司的TX-97，以及國際標準的電子航海圖IHO S57 ENC。美國國家地理情報署(NGA)生產的數位航海圖(Digital Nautical Chart, DNC)採用向量產品格式(Vector Product Format, VPF)，屬於軍用的產品，適用於ECDIS-N(Electronic Chart Display and Information System - Navy)。

　　由於ENC常被用以統稱所有符合IHO S57 ENC產品規格的電子海圖，因此有時會以official ENC來強調是政府授權製作發行的官方ENC。若要以ECDIS滿足SOLAS攜帶海圖的要求，必須使用官方ENC。

2.3 ECDIS的兩種運作模式：ECDIS與RCDS

　　由於符合IHO S57 ENC標準的電子航海圖製作程序複雜，為了讓航海人員在官方ENC還不能充分涵蓋全球主要航路前，也能利用ECDIS提高航行安全與效率，IMO MSC於1998年通過ECDIS效能標準的修訂案MSC.86(70)，新增關於使用RCDS的條文。允許ECDIS設備以兩種模式運作：一是使用ENC資料時的ECDIS模式，另一則是沒有ENC資料可用時的RCDS模式。

　　在ECDIS性能標準中的相關名詞定義如下：

　　電子海圖顯示與資訊系統(Electronic Chart Display and Information System, ECDIS)是一種航海資訊系統，此系統藉由顯示從系統電子海圖(SENC)篩選的資訊、從航海感測裝置取得的位置資訊、以及依需求顯示的其

他航海相關資訊，來輔助航海人員執行航路計劃與航路監視。在充份的備援安排下，可以被視為符合1974年聯合國海上人命安全公約第五章第20條(V/20 of SOLAS 1974)的最新海圖。

電子航海圖(Electronic Navigational Chart, ENC)是內容結構與格式都已標準化的資料庫，由政府授權的海測局授權發行。

系統電子海圖(System Electronic Navigational Chart, SENC)是指一種資料庫，其內容包括：ECDIS系統讀取ENC後轉換所得的資料、以適當方式執行的ENC更新資料、以及由航海人員加入的其他資料。

網格式海圖顯示系統(Raster Chart Display System, RCDS)也是一種航海資訊系統，此系統可以顯示網格式航海圖和取自航海感測器的定位資訊，輔助航海人員執行航路計畫與航路監視，必要時顯示其他航海相關資訊。

網格式航海圖(Raster Navigational Chart, RNC)是紙質航海圖的電子化掃描複製，由政府授權之海測局製作發行或授權製作發行。

系統網格式海圖資料庫(System Raster navigational Chart Database, SRNC)是由RCDS讀取RNC和RNC更新檔，經過轉換後產生的資料庫。

適當的最新紙海圖圖集(Appropriate Portfolio of up to date paper Chart, APC)是在比例尺上可以就地形、水深、航行危險、助航設施、圖載航路、航路措施等整體航海環境資訊，提供足夠細節的一套紙海圖。APC應該提供足夠的「預視前方(forward looking)」功能。哪些紙海圖可滿足APC的要求，則是由沿岸國提供後納入IHO維護的全球資料庫中。

RCDS模式並不具備ECDIS的所有功能，而且必須搭配使用適當的最新紙海圖圖集組合(APC)，才能滿足SOLAS對於攜帶海圖的要求。因此IMO特別以SN/Circ.207: Difference between RCDS and ECDIS文件，提醒航海人員應該注意RCDS模式有如下限制：

1. RCDS的海圖圖幅系統類似於傳統紙海圖，不像ECDIS沒有海圖圖幅邊界。

2. RNC(Raster Navigational Chart)本身並不會觸發任何自動警報(例如：防擱淺警報)。但是RCDS可以讓使用者自行加入資訊，再依據這些資訊產生某些警報，例如：使用者自行加繪的安全線、安全等深線、孤立危險物、危險區域。

3. 各幅RNC可能採用不同的水平坐標基準和海圖投影。航海人員應該要了解海圖的水平坐標基準和定位系統的坐標基準之間的相對關係。坐標基準的差異有時會造成位置的平移。

4. RCDS無法讓使用者依據當下的航行環境與任務而選擇簡化或移除海圖上的圖徵，可能因此影響海圖和雷達／ARPA套疊顯示的功能。

5. 除非換用不同比例尺的海圖，否則預視前方的功能會受到限制，造成量測方位距離或辨識遠方物件時的不便。

6. 一旦旋轉RCDS的顯示取向(orientation)，偏離了海圖本身所謂的海圖朝上(Chart-up)模式，例如：改為航向朝上(Course-up)或航路朝上(Route-up)，就可能影響海圖文字與符號的可讀性。

7. 可能無法用點選查詢的方式，取得RNC上圖徵物件的額外資訊。

8. 無法依據船舶的安全水深條件來區分顯示或是突顯出船舶的安全等深線與過淺的水深點，除非先在航路計畫的時候以人工輸入這些圖徵資料。

9. 不同來源的RNC可能用不同的顏色顯示類似的海圖資訊，有些RNC在白天和夜間可以用不同的顏色顯示。

10. RNC應該以它對應的紙海圖的比例尺顯示，過度放大或縮小可能會嚴重影響RCDS的能力，例如海圖影像的可讀性。

11. 海圖資料的準確度(紙圖、ENC或RNC)可能會比船上所用的定位系統還差，尤其是在使用「差分式全球導航衛星系統(Differential Global Navigation Satellite System, DGNSS)」定位時更是如此。

在RCDS模式下運作的ECDIS，在下列狀況時必須提供警報：

1. 偏離航路。

2. 接近航海人員輸入的點、線、面或是圖徵。

3. 定位系統故障；接近航路計畫上的關鍵點。

4. 地理坐標基準不同。

5. RCDS模式故障。

在RCDS模式下運作的ECDIS必須只接受採用WGS-84或PE-90大地基準的資料。另外，在RCDS模式下運作的ECDIS必須就下列三種狀況提供「指示(indication)」，提醒使用者：

1. ECDIS目前操作在RCDS模式下。

2. 海圖資訊被過度放大或縮小顯示。
3. 還有更大比例尺的海圖可以用。

第3章

ECDIS的資料

3.1 S57數值海測資訊交換標準

　　ECDIS應該優先使用的資料是符合IHO S57標準的「電子航海圖(Electronic Navigational Chart, ENC)」。S-57是國際海測組織IHO訂定的數值海測資料交換標準,用於各國海測局互相交換數位海測資料,或散佈數位資料與資料產品給廠商、航海人員、以及其他使用者。ENC則是依照S57標準製作傳遞的數位產品中,最重要的一種。S57定義海測資訊交換標準的程序如圖3-1:

　　首先是把真實世界的實際個體,透過理論資料模型來簡化與模型化,再依據定義的規則和限制轉換成記錄與欄位等資料結構,最後透過檔案交換標準封裝後,進行實際交換。

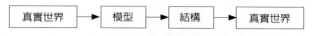

圖3-1　IHO S57海測資料交換標準的定義程序

3.2 電子海圖資料模型、結構與資料庫

3.2.1　S57 ENC的資料模型與結構

　　S-57數值海圖是以S-57物件模型為基礎的向量式電子海圖。S57用物件模型(OBJECT)來描述真實世界實體海測資訊，每個物件都有它的識別碼和屬性。S57物件分成圖徵(FEATURE)與空間(SPATIAL)兩種，相當於分別用「描述性」和「空間性」的特徵來定義海測資訊，如圖3-2。每個空間物件必須用來定義一個或多個圖徵物件的位置，不能單獨存在；每個圖徵物件可能是用一個或多個空間物件來定義它的位置；圖徵物件也可以是直接由另外一個或多個圖徵物件組成，而不必再用任何空間物件來定義它的位置。

　　S57的理論資料模型假設真實世界的實體可以分為有限的類別，例如：燈、沉船，而對應設計各種圖徵物件類別(feature object class)。圖徵物件類別的每個實例都是一個圖徵物件(feature object)，例如：某個燈或某一艘特定的沉船。每一種圖徵物件類別會有一些可能適用的屬性欄位以及可能的屬性值，而圖徵物件就利用這些屬性欄位填入適合描述其本身特性的屬性

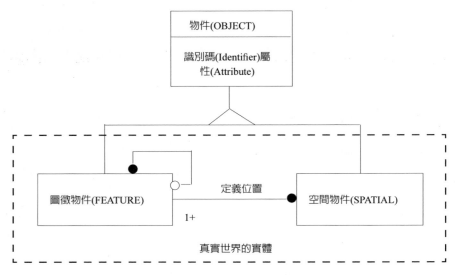

圖3-2　IHO S57的理論資料模型

值。例如：某港口航道邊的紅色側面浮標可以用「側面浮標」這個圖徵物件類別，並在「顏色」這個屬性欄位填入代表「紅色」的屬性值代碼。

　　為了描述真實世界實體的非位置性資訊，S57資料模型把圖徵物件分為下列四種：

　　1. 詮釋(meta)物件─關於其他物件的資訊，例如資料品質。

　　2. 製圖(cartographic)物件─例如：製圖文字。

　　3. 地理(geo)物件─攜帶真實世界實體的描述性特性。

　　4. 集合(collection)物件─描述物件與物件之間的關係。

　　S57圖徵物件類別的屬性分為A,B,C三組：A組的屬性是用來定義物件本身的特性；B組屬性提供的資訊是關於如何呈現該物件或是在資訊系統中使用該資料；C組屬性提供該物件資料的管理或詮釋資訊，是關於資料的資料。以「側面浮標」為例，從S57附錄A的IHO Object Catalogue與Attributes摘錄「側面浮標」物件類別(文字編碼是「BOYLAT」，數字編碼則是17)和「顏色」屬性的規範如下：

GEO OBJECT CLASSES

Object Class:	**Buoy, lateral**

Acronym: **BOYLAT**	Code: **17**

Set Attribute_A:	BOYSHP; CATLAM; COLOUR; COLPAT; CONRAD; DATEND; DATSTA; MARSYS; NATCON; NOBJNM; OBJNAM; PEREND; PERSTA; STATUS; VERACC; VERLEN;
Set Attribute_B:	INFORM; NINFOM; NTXTDS; PICREP; SCAMAX; SCAMIN; TXTDSC;
Set Attribute_C:	RECDAT; RECIND; SORDAT; SORIND;

FEATURE OBJECT ATTRIBUTES

Attribute: **Colour**

Acronym: **COLOUR**   Code: **75**

Attribute type: L

Expected input:

ID		Meaning	INT 1	M-4
1	:	white	IP 11.1;	450.2-3;
2	:	black		
3	:	red	IP 11.2;	450.2-3;
4	:	green	IP 11.3;	450.2-3;
5	:	blue	IP 11.4;	450.2-3;
6	:	yellow	IP 11.6;	450.2-3;
7	:	grey		
8	:	brown		
9	:	amber	IP 11.8;	450.2-3;
10	:	violet	IP 11.5;	450.2-3;
11	:	orange	IP 11.7;	450.2-3;
12	:	magenta		
13	:	pink		

「側面浮標」屬於地理物件類別，其A組屬性有浮標的形狀、類別用途(例如左側或右側)、顏色、圖案、材質、起始日期、結束日期、物件名稱、狀態、垂直長度…等等；B組屬性有最大與最小顯示比例尺、圖片檔檔名、文字檔檔名、資訊說明…等等，讓資訊系統軟體知道該在哪一比例尺範圍內顯示該浮標，該浮標的圖文檔案在哪裡；C組屬性則可以提供資料的記錄日期、記錄單位、原始資料日期與來源等。

S57的資料模型中雖然有製圖物件，但是在ENC產品規格中卻不允許使用製圖物件，原紙海圖上的製圖文字，都必須編製成地理物件或是集合物件的屬性值，例如：物件名稱。圖徵物件的位置以空間物件定義之，空間物件必須參照1個或多個圖徵物件，圖徵物件卻可以不參照任何空間物件，例如：集合物件。S57定義了三類「集合物件」，分別用以描述物件與物件之間的集結性(Aggregation)、關連性(association)、堆疊性(stacked on/stacked under)。ENC電子海圖不允許使用堆疊關係這類的集合物件。「集結物件」是指由多個圖徵物件合併組成更高層級的圖徵物件，例如：某「航標」由「浮標」和「燈」這兩類物件組成，如果該航標帶有頂標甚至霧號，則「頂標」與

「霧號」也屬於這個集合物件的組成物件。在這個集結物件中，「浮標」是結構，「燈」、「頂標」和「霧號」都是在這個結構上的裝置。這個集結物件是個以「浮標」為「主」，其他裝置物件為「從」的主從關係，一旦「浮標」被刪除，這個集結物件就無法持續存在。「關連物件」用來表示兩個或更多個物件之間的關連性，例如：用「浮標」標示「沉船」，則該「浮標」與「沉船」可以用一個名為「XX沉船」的關連物件來表示。

　　S57的空間物件內容包括向量式地理位置資訊和相當於詮釋資料的水平坐標基準、位置準確度、位置資訊的品質這些屬性。

　　S57空間物件的向量資料模型採用的是二維的平面模型，所以空間物件可以是「點(nodes)」、「線(edges)」、或「面(faces)」，而第三維度的資訊(例如：燈的高度、等深線的深度、等高線的高度)則以物件的屬性表示。

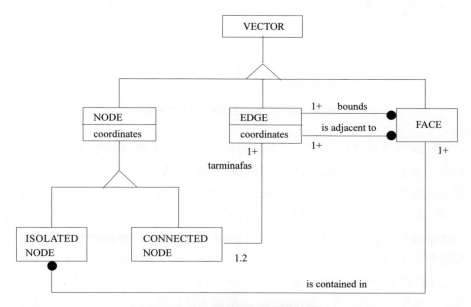

圖3-3　IHO S57空間物件的向量資料模型

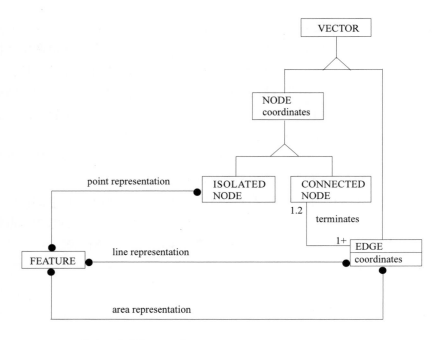

Chain-node / Planar graph

圖3-4　IHO S57 ENC的資料模型與位相關係

　　點線面空間物件之間不因為旋轉或縮放平移等轉換而改變的相互關係稱為「位相關係(Topology)」。點在哪一個面區域內、面和面之間的相鄰關係、面的內外邊界分別是由哪些線定義、線和線之間的連接性以及連接於哪一點,都屬於「位相關係」。向量式空間資料的位相關係大致可分為Cartographic Spaghetti, Chain-Node, Planar Graph, Full Topology四種等級,位相關係愈完整愈能確保資料的品質以及資料應用於空間資料分析時的效率。

　　S57要求ENC採用Chain-Node Topology,其向量資料模型(圖3-3、3-4)是由「節點(node)」與「線(edge)」所組成。「節點」帶有位置坐標,又分為「孤立點(isolated node)」與「連接點(connected node)」兩種;「線」帶有沿線各轉折位置的坐標,並以「連接點」為端點,端點的坐標並不屬於該線,而且兩端點可以是同一個「連接點」。因為定義edge端點的connected node有自己的資料結構與識別碼,所以S57採用的位相關係又稱為Chain-Explicit Node Topology。在這樣的向量模型下,點狀物件(浮標、陸標等)可以用點

(孤立點或連接點)定義其位置，線形物件(岸線、海底電纜等)可以用一連串的edge與connected node定義，區域物件(錨區、禁漁區等)是以起點與終點在同一連接點的線迴圈定義其邊界。Chain-Node Topology不允許重疊共線的線形幾何，所以當海岸線變遷時，以同一條線定義邊界的海域與陸地不會發生重疊的情形。

　　S57明確規定ENC的坐標系統必須是WGS84，物件識別碼必須具備全球唯一性，而且設計了全圖幅(檔案)、面物件、個別物件屬性這三個層次的詮釋資料(meta data)，來提供資料的範圍、來源、品質和坐標基準等必要資訊，是個資料格式與品質要求相當嚴格的資料標準。ENC的圖幅劃分以經緯度的平行線為界，在ENC檔案裡記錄著該圖幅的經緯度範圍，在整個圖幅範圍裏面可能會有部份區域沒有資料，所以再把圖幅用互不重疊的面物件(屬於M_COVR類的詮釋物件)來區分有資料和沒資料的區域。有資料的區域一定要再用M_QUAL與M_NSYS這兩類的詮釋物件來說明各個區域的資料品質和航標系統。

　　此外，S57 ENC要求圖幅內有資料的區域必須用不相重疊的陸地、浮橋、浮塢、廢船殼、未測區、浚深區、水深區這7類圖徵物件完整覆蓋，每個水深區物件都有深度範圍的屬性，相鄰水深區的水深範圍值具有連續性。這幾類物件稱為構成「地表(Skin-of-the-Earth)」的Group 1物件，用以明確描述地表屬於哪一類，以及各水域的深度範圍。

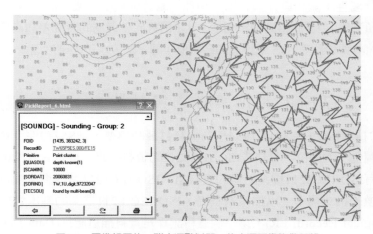

圖3-5　屬性相同的一群水深點以單一的水深圖徵物件記錄

　　點水深(spot soundings)可以說是最特殊的S57物件類別。每個圖徵物件類別的實例都是一個圖徵物件，應該有一個圖徵記錄和識別碼，唯有水深物件類別為了效率起見，可以把所有屬性相同(除了水深值以外)的水深點群集成一個水深物件類別的圖徵記錄，賦予一個物件識別碼。所以每一幅海圖上可能有上千個水深點，卻可能只有兩三個水深物件。多個水深點屬於同一個圖徵物件，但是各有不同的經緯度和水深值。例如圖3-5以紅色星狀符號框起來的所有水深點，都是2006年8月31日以多音束測深儀測得的水深，以圖徵物件識別碼FOID=(1435,383242,3)的水深物件(SOUNDG)記錄相同的屬性資訊，包括：原始資料日期(SORDAT)和測深技術(TECSOU)。這類水深物件的幾何原型(primitive)是「點叢集(point cluster)」或稱「多點(multi-point)」。水深類的圖徵物件參照的空間物件向量模型相當於「孤立點」的特例，其坐標欄位被稱為「3-D坐標」或「水深矩陣欄位」，欄位內以(y-坐標,x-坐標,深度)三個值一組，填入各水深點的3-D資料。

　　具有隨時間變化(time-varying)特性的海測資訊，例如：磁差、潮位、潮流、海流/洋流等，在目前的S57標準中已經有對應的物件設計，只不過是否要將這些資訊納入ENC仍然是由製圖單位自行決定。在S57 ENC裡的潮位與潮流資訊，都可以用「時間序列」、「調和預測」、「非調和預測」等三類物件編碼方式。以潮位為例：「潮汐時間序列」物件可以有特定期間內每天高低水位的時間與高度值、起始與結束時間、資料的時間間距、序列水位值，這些屬性；調和與非調和預測物件的屬性則包括：潮汐的預測方法(「簡化調和預測法」、「完整調和預測法」、「相對於參考站的時間差和高度差」、或「其他非調和預測」)、潮汐調和參數值矩陣、潮汐水位準確度等。

3.2.2　S57 ENC的檔案格式與封裝

　　S57採用ISO/IEC8211:1994作為資料封裝的標準，把S57物件資料結構的記錄、欄位、次欄位，實作成ISO/IEC8211的資料紀錄、欄位、次欄位，再封裝成具有ISO/IEC8211檔案結構的資料組。ISO/IEC8211是促進電腦系統之間資料交換的格式標準，以檔案為基礎。ISO/IEC 8211檔案的基本組成是邏輯記錄(Logical Record, LR)，第一個邏輯記錄是資料描述記錄(Data Descriptive Data, DDR)，內含檔案內實際資料的描述與邏輯架構，檔案內的其他邏輯紀

錄都是資料紀錄(Data Record, DR)，內含實際上要被交換的資料。

　　S57 ENC的資料交換組(exchange set)把所有要交換的記錄分成目錄(catalogue)和資料組(data set)這兩種檔案，每個exchange set由一個目錄檔和至少一個資料檔組成，另外可以有一個說明檔(README)，以及一或多個文字檔與圖片檔。文字檔與圖片檔不在S57的主體規範範圍內，而是屬於ENC產品規格特有的，不必符合ISO/IEC 8211。目錄檔相當於整個資料交換組的檔案目錄。每個資料組檔案是一幅電子海圖的資料檔，內含描述該資料組的資訊，和真實世界實體物件的描述與位置資訊。資料組檔案有4種，分別是：新資料組(new)、更新資料組(update)、複刊資料組(re-issue)、新版資料組(new edition)。每個新資料組、複刊資料組、和新版資料組都稱為「基本圖幅(base cell)檔」，而內含現有基本圖幅檔更新資料的更新資料組則稱為「圖幅更新(update cell)檔」。

　　目錄檔的檔名都是CATALOG.EEE，其中的.EEE副檔名依S57標準版本而定，符合第3.1版S57的資料交換組目錄檔名為CATALOG.031。資料組檔案的命名方式則依據下列規則：

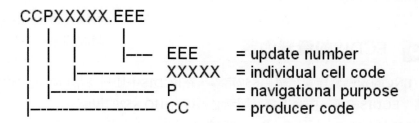

　　CC是製圖機構的代碼，通常相當於國家製圖代碼；P是製圖時設定的航行用途，對應於6種等級的製圖比例尺範圍，以1-6的數字編碼；XXXXX是個別圖幅的5碼編碼，由製圖機構自行編定，可以用數字或是大寫的英文字母；EEE是更新號碼，如果是基本圖幅檔則副檔名一律用.000。

　　為了讓各國製作的電子航海圖在ECDIS系統上顯示與運用時能更具有一致性，也為了使ECDIS系統能更有效地正確顯示各國的電子航海圖，IHO於2004年就電子海圖的編輯比例尺和航行目的提出了較具體的建議(如表3-1)，

表3-1 電子海圖的各航行目的對應的比例尺範圍

P	航行目的	對應的比例尺範圍	標準編輯比例尺	距離範圍
1	Overview 全覽圖	＜1:1,499,999	3000000或更小 1500000	200海浬 96海浬
2	General 總圖	1:350,000—1:1,499,999	700000 350000	48海浬 24海浬
3	Coastal 海岸圖	1:90,000—1:349,999	180000 90000	12海浬 6海浬
4	Approach 近岸圖	1:22,000—1:89,999	45000 22000	3海浬 1.5海浬
5	Harbour 港區圖	1:4,000—1:21,999	12000 8000 4000	0.75海浬 0.5海浬 0.25海浬
6	Berthing 靠泊圖	＞1:4,000	3999或更大	＜0.25海浬

供各國製圖單位遵循。

目錄檔、航行目的、標準比例尺的設計都有助於ECDIS系統對於電子海圖資料檔的管理。所有載入ECDIS系統內儲存的電子海圖資料，都將由ECDIS建成海圖目錄，提供可用資料範圍的圖形化顯示，並且在使用時自動讀取相關海域適當航行目的或比例尺的海圖資料。

3.3　ECDIS的資料內容

ENC的編碼製作與結構由S57定義，在ECDIS中如何使用ENC則是由S52定義，ECDIS的資料內容與資料顯示必須符合IHO S52的規範。

S52要求ENC必須符合IHO S57附錄B1的ENC產品規格，而且ENC資料的傳遞必須採用IHO S57。但S57是設計來傳遞數值海圖資料的一種交換標準，就資料的儲存、操作、顯示而言，並非最有效率。因此，ECDIS系統廠商可以設計自己的資料儲存格式和資料結構，讓系統符合S52的內容與顯示效能要求，但是所有ECDIS都必須能接受ENC並將ENC轉換成各ECDIS內部的儲存格式，這樣產生的資料庫稱為「系統電子海圖(System ENC, SENC)」。轉換成SENC的資料內容必須包括ENC和ENC的更新檔。轉換的過程不要求在船載ECDIS系統上即時執行，可以在岸上執行轉換後，以SENC的形式傳遞。船上

必須保有一份官方版的電子海圖資料，但ECDIS實際操作使用的是SENC。

S52要求ENC至少必須包含現有紙海圖上描繪記載的所有航海相關資訊。至於航海人員不常用，也不影響航行安全的資料(例如：墓園)則不必納入。其他航海刊物(例如：航行指南與燈塔表)的海測資訊也可以納入ENC。此外ENC應該包括可以定量評估重要圖徵準確度的資料品質指標，讓航海人員知道ECDIS使用中的資訊品質如何。海圖資料品質指標，連同衛星導航系統的定位準確度，可用以評估本船和航行危險之間的安全距離。

S52還要求必須能在海圖顯示幕上以游標點選查詢任何圖徵物件(無論是點、線、或面形)，必須以文字顯示的方式，以一般用語描述該物件和該物件所有的屬性，而不是直接用S57的物件屬性編碼顯示查詢結果，例如：顯示「側面浮標」或Lateral Buoy而不是「BOYLAT」甚至17這個數字代碼。

除了從ENC與ENC更新檔轉換產生的電子海圖資訊之外，ECDIS使用的SENC還可以包括航海人員自己加入的資訊物件，以及製造ECDIS系統的廠商自行提供的資訊物件等其他資訊。

3.4 製作電子海圖的責任與步驟

各國海測局製作發行ENC的責任定義於IHO決議案(IHO M-3)的「世界電子航海圖資料庫(Worldwide Electronic Navigational Chart Database, WEND)」原則。依據WEND原則，國家海測局有下列責任：

1. 準備並提供本國管轄水域的數值資料，及其後續的更新。
2. 確認(validate)這些資料。
3. 實施品質管理標準(例如ISO 9000)以確保高品質的ENC服務。
4. 確保符合所有相關的IMO與IHO標準與準則(包括IHO S57, IHO S52)。
5. 適時提供ENC的更新資料給航海人員。

為了讓各國海測局對ENC的生產過程，以及建置電子海圖產製設施時必要的規範與程序有個概觀，IHO在英國海測局的協助下，於2005年出版了「電子海圖製作指引(IHO S65: ENC Production Guidance)」。IHO S-65把ENC的製作劃分為10個階段，各關鍵階段的流程如圖3-6：

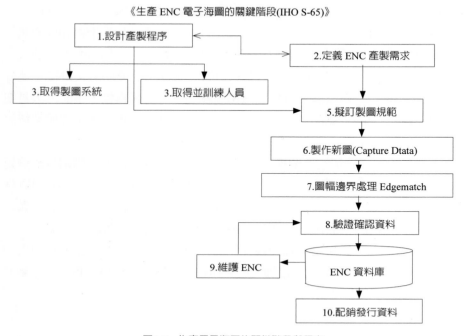

《生產 ENC 電子海圖的關鍵階段(IHO S-65)》

圖3-6　生產電子海圖的關鍵階段與程序

　　「設計產製程序」階段分為「生產方式」與「品質系統」兩步驟。「生產方式」可以利用外部資源提供一開始的大量產製，後續的製圖與維護再由內部資源執行。在「品質系統」方面應採用公認的品質管理標準，並發展出一套電子海圖程序文件系統，包括各個步驟的程序書(例如：使用手冊、規範、作業指南)以及各程序的紀錄。

　　在產製需求方面，應以國家製圖計畫定義出：擬涵蓋的區域範圍(至少涵蓋國家管轄水域)；各水域將提供屬於哪些航行目的之電子海圖；各航行目的之區域如何劃分成各個圖幅單元(cells)；並以航運需求為依據，決定產製各ENC的順序。

　　在人員能力與訓練需求方面，可參考IHO M-8 "Standards of Competence for Nautical Cartographers "，至少應有下列訓練：

　　1. 海圖認知訓練，尤其是航標相關知識。

　　2. ENC電子海圖／S-57認知訓練。

3. 品保訓練，包括品質控制。

4. 製圖系統訓練。

5. 電子海圖顯示與資訊系統(ECDIS)訓練。

最後一項ECDIS訓練，主要是利用ECDIS的電子海圖顯示功能評估ENC的圖資呈現效果。

在製圖規範方面：IHO的S57標準是最高準則，但實際的作業與產品規範仍須由各國自行訂定，許多製圖策略也必須由各國自行決定，包括：電子海圖要納入哪些資訊內容？圖幅如何劃分？各電子海圖應該屬於哪一航行用途/比例尺等級？因此各國仍應該訂定本國的製圖與產品規範，規範中除了納入S-57的建議與強制性規範，還應該補充說明電子海圖的內容、準確度要求、以及電子海圖、海圖物件關聯之文字或圖片檔的檔案命名規則。例如：英國海測局訂有UKHO ENC Product Specification, UKHO ENC Data Capture Specification、UKHO ENC Training Documentation and Job Description, UKHO Quality Procedures for the production of ENCs。

對於每一幅擬製作的新圖(假設是從紙海圖製作成電子海圖)，必須準備的必要原始資料包括：掃描影像檔、水道燈表、航船佈告、相關套疊補充資料..等。

在「圖幅的接邊處理」方面：相鄰圖幅(尤其航行用途相同時)邊界上的資料應該與相對應的資料對準並匹配。但是在接圖時編輯調整等深線、水深區等資料，應該注意朝安全的方向調整，而且應該在一定的限度內，避免過度損及資料的準確性。相鄰製圖國應該合作協議出圖幅邊界，而且此協議應該是基於製圖的便利性和航海人員利益等考量的技術性協議。為了確保跨圖幅邊界的資料一致性，相鄰製圖國應該建立適當的通訊管道，包括可以取得對方國電子海圖的交換機制。

在資料的確認或驗證方面：數化所得的向量資料應該以原始資料(例如：紙海圖影像檔)比對，以確保所有的圖載物件或屬性都沒有被遺漏或是數化在不正確的位置。另外應該用資料驗證軟體依據IHO S58所定義的檢核項目，檢核已製作完成的電子海圖，以確保符合S57 ENC產品規格。資料驗證軟體與製圖軟體最好分屬於不同的供應商。因為經驗顯示：各種資料驗證軟體常可檢查出不同的警告與錯誤。有些海測局因此使用一種以上的檢核軟體。例如以

加拿大CARIS公司的HOM與德國SevenCs公司的ENC Analyzer執行雙重軟體檢核。

在電子海圖的維護方面：電子海圖一旦製作完成並提供給使用者，就必須維護其資料。電子海圖的更新機制是整體品質管理系統的重要環節，應涵蓋航船布告和新版海圖的刊行，其設計則應該符合航海人員的航行安全需求。電子海圖的更新應該至少與對應的紙海圖同步，但是如果紙海圖的製作週期過長，則應該考慮先發行電子海圖更新與新版電子海圖。電子海圖更新的內容必須包括紙海圖航船佈告所刊載的細節資訊。這些航船佈告可分為「海圖改正航船佈告(Chart Correcting Notice to Mariners, NM)」和「臨時與預告性航船布告(Temporary and Preliminary Notice to Mariners, T&P NM)」兩種。電子海圖更新檔的製作也至少應該複製對應紙海圖上的改正，而且隨著航船布告的刊行週期(每週、每半個月、或每月)同時製作提供。當對應的紙海圖刊行新版本時，電子海圖應該以製作新版或更新檔的方式處理。電子海圖更新檔的配送可以採用資料光碟、透過網際網路、透過INMARSAT海事衛星通訊、或是陸上的通訊網路。

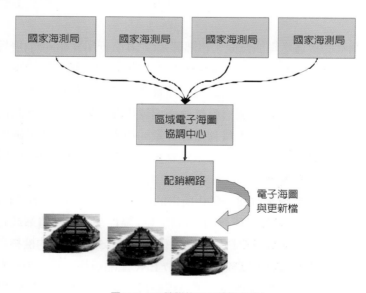

圖3-7　IHO建議的ENC銷售方式

在資料的發行與銷售方面：IHO S65建議所有的電子海圖資料(包括新版、複刊、更新)都透過區域電子海圖協調中心(Regional ENC Coordinating Center, RENC)銷售發行(如圖3-7)。目前運作中的RENC有由英國海測局(UKHO)主導的IC-ENC(位於英國)和由挪威海測局(NHS)運作的PRIMAR Stavanger(位於挪威)。透過RENC供應電子海圖資料不但可以降低電子海圖的整體成本，更可以簡化電子海圖的採購程序，因為RENC甚至可以讓船舶一次購足航程所需的所有電子海圖。RENC也可以降低各國電子海圖之間的差異性以及相鄰電子海圖之間的空隙、重疊或不一致的情形。凡是透過RENC或任何外部組織銷售電子海圖資料，都必須簽訂協議明訂雙方的權利與責任。此外，也應該採用資料安全系統(IHO S63)，以保護資料的完整性、驗證來源、避免非法拷貝。

3.5 影響電子海圖資料品質的因素

影響電子海圖資料品質的因素包括：海道測量的準確度、資料的更新性、資料的涵蓋範圍、以及資料的完整性。目前已發行之S57電子海圖，其基本資料來源幾乎都是紙海圖而不是海道測量的數值成果，甚至不是製作紙海圖所用的數值檔，因此，把紙海圖數位化製作成電子海圖的程序也是影響電子海圖資料品質的重要因素。

3.6 定位系統與參考坐標系統的問題

ECDIS必須連接可連續定位的電子定位系統，而各種定位系統提供的定位(包括時間、方向、速度)可能使用不同的參考坐標系統，因而造成問題。水平坐標基準和垂直坐標基準也是常見的問題來源。如果ECDIS系統沒有適當的設計，使用ECDIS時沒有正確的設定與充分的認知，都可能危及航安。這部份將於感測器相關章節中詳細探討。

第4章

ECDIS資訊的顯示

4.1　ECDIS的海圖符號、顏色與呈現方式

　　ECDIS顯示海圖資訊時提供了兩組電子海圖符號：一種是傳統紙海圖所用的符號組，另一種則是專門用於ECDIS顯示的簡化符號組。選用傳統符號組可以讓ECDIS顯示的海圖更接近於航海人員原已熟悉的紙海圖。簡化符號組則是專門為了航路監視時ECDIS的螢幕顯示而設計的。因為在航行中的航路監視階段，ECDIS必須不斷地處理來自GPS定位接收機、電羅經、測速儀等多個航儀感測裝置的資料，隨著本船的移動而自動載入海圖顯示，並提供導航運算與航行安全相關的檢測分析，系統的負荷相當大。此外，以航路監視階段使用者到顯示螢幕的距離而言，採用簡化符號組也可以適度增進其可見度與可讀性。

　　至於海圖更新資訊的顯示，自動更新的資訊，其顯示方式和ENC相同，使用標準的符號與顏色。人工手動更新的資訊則是以橘色標示，並且依據更新的動作而設計不同的顯示方式，詳見第九章電子海圖資訊之更新。

　　傳統紙質海圖的套色固定以0m與5m等深線之間為藍色，5m等深線以外為白色，水深點、障礙物、危險或特殊區域全得靠人為判讀是否影響本船航行安全。反觀使用ENC的ECDIS，由於S57的資料設計與S52的顯示設計，不但能使呈現的海圖依照自定的水深條件自動調整，更可以在航路計畫和航路監視時依據設定條件與海圖資訊自動判斷且提出對應的警報或指示。

　　為了讓航海人員能更清楚地掌握海域水深和本船吃水的相對狀況，航

海人員可以在ECDIS上設定本船的安全等深線，ECDIS將以此安全等深線為界，以不同的顏色區分出深水區(安全可航的水域)和淺水區(水深不足的水域)。如果ENC圖資裡面並沒有深度等於這個設定值的等深線，則ECDIS自動以較深的等深線為界，例如：設定本船安全等深線為18m，但ENC內只有15m與20m等深線，則ECDIS會自動以20m為界，區分深水區與淺水區。涸線(零米等深線)與岸線(高潮線)之間以潮間帶的顏色顯示。除了以兩色階方式區分顯示深淺水域之外，ECDIS允許航海人員再設定深水等深線與淺水等深線，連同本船安全等深線、涸線與岸線共劃分出：深水區、中度深水區、中度淺水區、超淺水區、與潮間區(前兩者為安全可航水域，後三者為不可航區域)，以四色階的方式顯示潮間帶以外的水域。等深線原本歸屬於「其他資訊」，由航海人員自行決定要不要顯示，一旦被選擇設定為「安全等深線」，則屬於強制持續顯示的「基本顯示內容」，並且以灰色的寬實線特別強調，詳見圖4-1。

此外也可由航海人員設定本船安全深度，ECDIS將特別強化顯示少於此安全深度的水深點。對於雖然是在安全水域內，深度卻少於本船安全深度值的孤立危險物(如岩石、沉船、障礙物等)，ECDIS則會以特別的符號強調之。

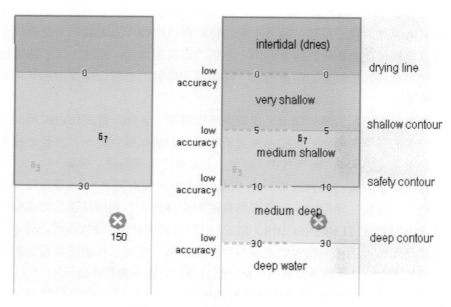

圖4-1　ECDIS對於水深顯示的特殊設計

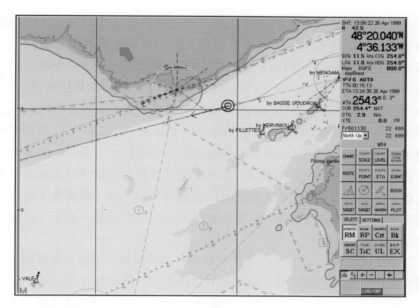

圖4-2　ECDIS標準顯示的日間色彩配置

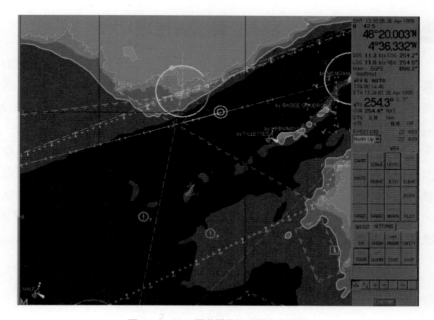

圖4-3　ECDIS標準顯示的夜間色彩配置

　　為了在船舶駕駛台各種光線狀況下都能提供最佳的可讀性，以及螢幕上各個圖徵之間的最大對比，更為了避免ECDIS螢幕的亮度影響到航海人員當值瞭望的視覺能力，IHO S52對於ECDIS海圖顯示的色彩配置設計了不同的色彩表，分別適用於日間(白色背景)、黃昏或微光中(黑色背景)、以及夜晚(黑色背景)。圖4-2與圖4-3的ECDIS標準顯示畫面擷取自「Facts about electronic charts and carriage requirements, 2nd edition 2007」，這個文件是由Primar Stavanger與IC-ENC兩大RENC共同出版的。不只是在海圖視窗內顯示的海圖，連ECDIS系統螢幕上的狀態列、工具列等操作介面和資料視窗都有色彩配置規範。甚至用於ECDIS的螢幕本身的尺寸、解析度、亮度和對比都有規範。有效的海圖顯示區至少要有270mm×270mm，解析度必須優於0.312mm，使用64色。

　　「燈(LIGHTS)」在ECDIS上的顯示方式最為複雜，不僅依其類別、光色等屬性而決定其顏色與符號，更可依其見距產生一區域指示出該燈的涵蓋範圍。

4.2　海圖資料顯示類項的範圍與選擇

　　為了讓航海人員能在不影響航行安全的前提下很快地調整顯示在ECDIS螢幕上的海圖資訊量，IMO的ECDIS設備性能標準要求ECDIS提供「基本顯示(Display Base)」、「標準顯示(Standard Display)」、「其他資訊(All Others)」這三種資料量等級的選擇。「基本顯示」是「標準顯示」的一部份，「其他資訊」則是指在SENC中所有不屬於「標準顯示」的物件。「標準顯示」提供了一個預設的起始點，航海人員可以適度決定要在螢幕上顯示的資料內容，不想顯示的資訊類別只要不是屬於「基本顯示」的就可以予以移除，也可以選擇增加要顯示的資料類別。詳如表4-1(摘譯自ECDIS性能標準的附錄2)：

表4-1　航路規劃與監視時可供顯示的系統電子海圖資訊

類別	項目
1	基本顯示內容(Display Base)―必須永遠顯示在ECDIS螢幕上
	由下列各項組成：
	(1) 岸線(高潮線)
	(2) 本船安全等深線(以此定義安全水域)
	(3) 深度小於安全等深線且在安全水域內的孤立水下危險物
	(4) 安全水域內的孤立危險物，例如固定結構、高架電纜等
	(5) 比例尺、距離範圍與指北的箭頭符號
	(6) 深度與高度的單位
	(7) 顯示模式
2	標準顯示內容(Standard Display)―
	由下列各項組成：
	(1) 基本顯示內容
	(2) 涸線(0米等深線)
	(3) 浮標、標杆、其他助航設施與固定結構
	(4) 主航道與航道等邊界
	(5) 目視與雷達顯著特徵物
	(6) 禁制與限制區
	(7) 海圖比例尺邊界
	(8) 注意事項的指示
	(9) 船舶航路系統與渡輪航路
	(10) 穿越群島的海道(archipelagic sea lanes)
3	所有其他資訊―可以各別選擇是否要顯示
	例如：
	(1) 點水深
	(2) 海底電纜與管線
	(3) 所有孤立危險物的細節
	(4) 助航設施的細節
	(5) 注意事項的內容
	(6) 電子航海圖ENC的版本日期
	(7) 最新的海圖更新序號
	(8) 磁差
	(9) 經緯線
	(10) 地名

　　各類的圖徵物件相當於一個個圖層，圖層套疊顯示的時候會有互相遮蔽的問題，所以必須設定適當的顯示順序，決定哪些類別的物件在上，哪些類別的物件在下，為此，IHO S52訂定了10個層級。其順序大致如下：海圖資料、雷達、使用者(航海員)的資料、廠商的資料。點線資料優先於區域的塗色。雷達資料的優先次序介於大部份點線資料與所有填滿顏色的區域

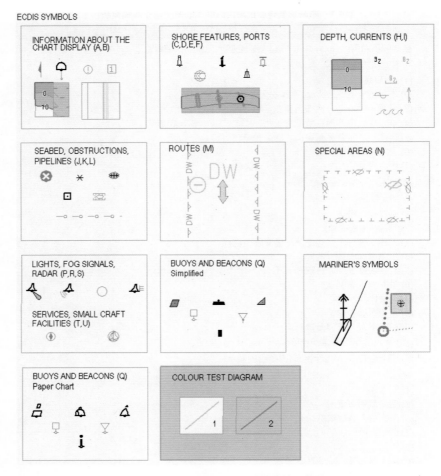

圖4-4　IHO S52的ECDIS符號分類示意圖

(面)資料之間。為避免海圖資料遮蔽了小的雷達目標,提供雷達資料套疊功能的廠商應設計使航海人員可以暫時將雷達資料顯示在海圖資料之上。

　　為了讓使用者更容易增加或移除要在ECDIS上顯示的資訊類別,IHO S52對SENC中的每一種圖徵都指定了「視圖組別(Viewing Set)」,共分成十個「視圖群組(Viewing Group)」,對應於海圖圖例中以英文字母標示的各類項(例如:IK或K類項包括岩礁、沉船、障礙物;IC或C類項是自然地貌)。至於如何組織SENC圖徵、視圖組別與群組,讓航海人員可以既簡易又有彈性地選

擇想看的資訊，則是由ECDIS系統廠商負責的，因此各家ECDIS可以有不同
的設計方式。圖4-4是IHO S52的ECDIS符號分類示意圖。

　　紙海圖上的地名、燈標的燈名與燈質等文字是在製圖的時候考量圖面空
間與可讀性經過編排調整而決定的。由於電子海圖不再有固定的版面，而且
ECDIS提供許多自動化的偵測分析功能，不再仰賴使用者判讀，過多的文字
也容易使顯示的圖面更雜亂擁擠，因此ECDIS可以讓航海人員自行決定是否
要連帶顯示海圖物件的名稱這些文字資訊。

4.4　海圖顯示的自動化規則

4.4.1　IHO S52的海圖顯示設計概念

　　依據物件的屬性值和ECDIS使用者設定的參數(甚至時間)之間的關係而有
不同的顯示方式是ECDIS與IHO S52的重要設計之一。常用於判斷顯示方式的
屬性包括：礁岩、沉船、人工漁礁等障礙物的深度、物件存在的開始或結束
時間、助導航燈光的光程與燈質、以及最小顯示比例尺等。除了在顯示方式
上區別之外，電子海圖物件都能直接以游標點選查詢其詳細的屬性，不必再
另行參考或查閱海圖圖例說明，甚至可以再透過屬性值連結開啟外部檔案，
提供更詳細的圖文資訊。這樣的連結整合功能已經有擴展到多媒體檔案與網
頁的趨勢。

　　圖4-5是以ECDIS產生顯示畫面的流程和流程中參照的IHO S52規範來呈
現ECDIS在電子海圖顯示方面的設計概念。首先從SENC取出圖徵物件，判斷
顯示的日期是否在該物件的起迄日期或起迄週期內，如果不是則該物件不必
顯示。如果時間合乎條件則從S52的Look-up Table取得該物件的符號化指令，
如果該類物件適用條件式符號化(Conditional Symbology)，則參照S52條件式
符號化的程序庫產生符號化指令。再判斷ECDIS當時的顯示比例尺是否大於
該物件的最小比例尺，如果是，則把該物件的符號化指令加到ECDIS的顯示
清單(Display List)裏，否則就不顯示該物件。處理完SENC在顯示範圍內的物
件以後，再參照S52的符號庫與色彩表執行顯示清單內的指令。在整個流程中
有許多篩選條件與參數都是由使用者選擇設定的。

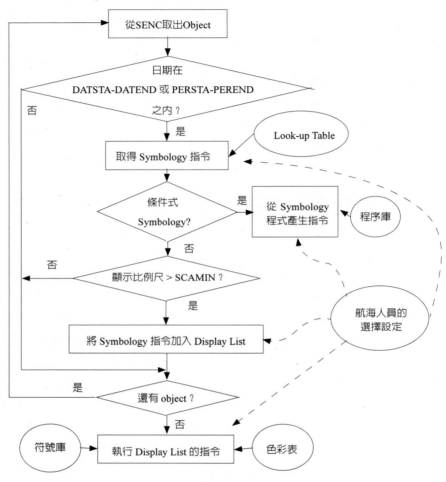

圖4-5 ECDIS顯示畫面產生器的設計概念

　　S52的顯示對照表(Look-up table)規範海圖物件類別如何在ECDIS螢幕上以圖形呈現。對照表的設計如表4-2。

表4-2　電子海圖顯示對照表的設計

欄次	意義	欄位值/範例
1	物件類別的代碼	"BCNLAT"
2	屬性的組合	"COLOUR3BCNSHP1"
3	符號化所用的繪圖指令	"CS(LIGHTS05)" "SY(BCNLAT21); TE('bn %s', 'OBJNAM', 2,1,2, '15110',-1,-1,CHBLK,21)"
4	顯示順序	0~9，數值愈大者在上方，同級則線在面之上，點在線之上
5	OVERRADAR旗標 (雷達影像上方還是下方)	'O'表示在雷達影像之上 'S'表示被雷達影像蓋過
6	歸屬於哪一顯示類別	DISPLAYBASE, STANDARD, OTHER, MARINERS STANDARD, MARINERS OTHER
7	顯示群組(選項)	00000-99999

範例：
"LIGHTS", "CS(LIGHTS05)", "8", "O", "STANDARD", "27070"
燈光物件使用條件式符號化(LIGHT05程序)，顯示順序8，顯示在雷達影像之上，屬於「標準顯示內容」和27070顯示群組。
"BOYLAT", "BOYSHP1COLOUR3", "SY(BOYLAT14);TE('by %s', 'OBJNAM', 2,1,2,'15110',-1,-1,CHBLK,21)", "8", "O", "DISPLAYBASE", "17010"
側面浮標物件，如果浮標形狀(BOYSHP)屬性值是1，而且顏色(COLOUR)屬性值是3，則用BOYLAT14這個符號並用by(浮標的縮寫)和OBJNAM屬性的物件名稱作為標示文字，顯示順序8，顯示在雷達影像之上，屬於「基本顯示內容」和17010顯示群組。

4.4.2　比例尺和距離

　　就ECDIS而言，「比例尺」至少可分為「圖資來源比例尺(Source Scale)」、「編輯比例尺(Compilation Scale)」與「顯示比例尺(Display Scale)」這幾種，各有不同的定義與用途。後兩者與海圖顯示的自動化規則有關。

　　「編輯比例尺」是在製作電子海圖時依據來源資料的準確度與海圖的用途而設定的，它會影響到ECDIS自動載圖功能的判斷以及顯示該海圖時是否以「超出比例尺(Over Scale)」的符號標示，所以最主要的考量其實是該海圖在ECDIS上顯示與使用的效果。S57電子海圖屬於向量式的電子海圖，雖然可以無限制的放大顯示不致模糊化，但是數值資料的解析度(數值的有效位數、用多密的點來定義線形)和準確度仍然是有限的。ECDIS提供「超出比例尺」的自動標示功能正是為了提醒使用者目前該海圖已經被過度放大顯

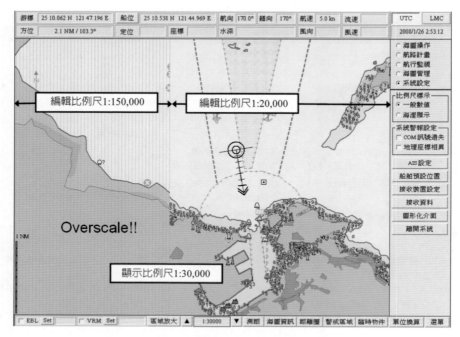

圖4-6　電子海圖OVERSCALE指標的示意圖

示，避免使用者誤認其準確度。

　　圖4-6是ECDIS顯示海圖時用Overscale圖案警告使用者的示意圖，擷取自以WINMATE(融程電訊)公司的ECDIS系統產生的畫面。本船位於1/20,000與1/150,000兩幅海圖(分別屬於不同的航行用途)的重疊區，ECDIS優先使用比例尺較大的1/20,000海圖，空缺的部份再載入較小比例尺的1/150,000海圖，以填滿整個ECDIS海圖顯示視窗。當使用者選擇以1:30,000的比例尺顯示海圖時，對1/150,000海圖而言已經超出比例尺了，所以ECDIS在只有1/150,000海圖的區域上加畫overscale的圖案。

　　「顯示比例尺(Display Scale)」是指電子海圖在螢幕上呈現出來的比例尺，也可以說是螢幕上的距離和實際地理距離之間的比例關係。如前面章節的介紹，ECDIS在海圖資訊顯示方面已經提供使用者多種篩選與設定的方法，以避免因為顯示的圖面過於雜亂而影響可讀性。然而在操作使用ECDIS的過程中使用者經常需要縮放調整顯示的區域範圍，尤其是為了看更大的地理範圍而縮小顯示比例尺時，如果沒有再適當篩選顯示內容，整個畫面又會

變得過度雜亂擁擠。因此S57海圖物件設計有「最大比例尺」與「最小比例尺」兩種屬性，在S57電子海圖的製作過程中設定。當顯示比例尺大於海圖物件的「最大比例尺」時或是小於「最小比例尺」時，就不再顯示該海圖物件。

　　IMO的ECDIS性能標準把比例尺(scale)和距離(range)的指標歸屬為「基本顯示內容」，主要目的是讓航海人員能立即評估他在ECDIS螢幕上看到的危險離本船多遠，還有多少時間可以決定如何避開危險。對於這一點，ECDIS的設計方式如下：顯示比例尺大於1:8,000時，畫出1海浬長的比例尺(scale bar)，小於1:8,000時，畫出10海浬長的緯度比例尺(latitude bar)。除了比例尺提供的粗略距離概念之外，還可以用游標或可變距離圈量取更精確的距離。此外，為了提供具有時間意義的距離感，ECDIS在船舶對地航向(COG)與航速(SOG)的向量符號上特別強調標繪出6分鐘距離點，如圖4-7。

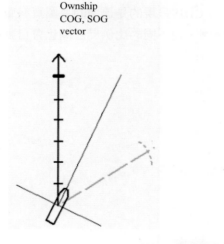

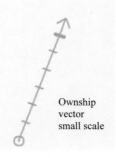

圖4-7　本船符號與向量

4.5　呈現的模式

　　系統電子海圖資訊必須隨時都能以「真北朝上(North-Up)」的取向顯示。ECDIS允許使用其他取向顯示電子海圖，例如：艏向朝上(Head-Up)或航向朝上(Course-Up)等，但是使用其他顯示取向時，每次逐步變化的角度應該要夠大，以避免海圖資訊的顯示不穩定。

　　ECDIS必須能提供「真實運動(True Motion)」模式，也允許使用其他模式，例如：「相對運動(Relative Motion)」模式。「真實運動(True Motion)」模式是顯示本船在海圖上移動的狀況，在螢幕上移動的是船舶符號而不是海圖。「相對運動(Relative Motion)」模式則是以本船符號維持在螢幕上固定位置的方式，來顯示周邊的海圖。如果使用「真實運動」模式，應該能讓航海人員自訂本船離螢幕邊界的距離限制，一旦本船過於接近邊界即將超出螢幕顯示範圍，就自動重新調整顯示範圍並產生前方鄰近區域的海圖顯示，讓本船符號回到螢幕上的適當位置。ECDIS呈現的是連續的海圖資料庫：航程中，不僅在水平方向會自動選圖接圖，在不同的比例尺之間也會自動換圖轉繪。

第 5 章

航儀感測資訊的整合與效能極限

5.1 感測器效能的限制

ECDIS的主要優點之一，是自動且即時地在海圖上呈現本船的位置、航向與航速。航行當值人員通常會相信看到的畫面。因此，充分了解ECDIS所有相關感測器的效能和限制是非常重要的。ECDIS介接的航儀感測資訊主要有：位置、深度、艏向、航向航速，也可能包括雷達以及船舶自動識別系統。

大部分的SOLAS公約船都已經配備電羅經(Gyro compass)可以提供艏向給ECDIS。沒有安裝電羅經的船舶則可能是用艏向傳輸裝置(Transmitting Heading Device, THD)提供艏向資訊。電羅經(Gyro compass)的準確度通常約0.5°～1°，但是可能因為船舶操縱時的加速度而使得誤差加大。符合IMO MSC船舶設備標準的THD則可能有1°的靜態誤差，約1.5°的動態誤差，轉向時因為延遲可能還有1.5°的跟隨誤差。

ECDIS所用的電子定位系統主要是「全球導航衛星系統GNSS(Global Navigation Satellite System)」，尤其是全球定位系統GPS。衛星定位的位置準確度只能用機率值表示，通常以「準確度100m(95%)」來表示有5%的定位值誤差會大於100m。GPS定位的基本原理是：從GPS衛星發出的無線電訊號測量該訊號抵達GPS接收機所需的時間來換算成距離，GPS訊號中也帶有衛星的星曆(Almanac)和軌道資料(Ephemeris)，讓GPS接收機能計算出當下可能有哪些GPS衛星可以用，以及衛星的位置坐標。因為GPS接收機的時鐘遠不如GPS

衛星使用的原子鐘，使得待解的未知數除了接收機的三度空間位置以外，還有時鐘誤差，因此至少要用四顆GPS衛星才能解算出三度空間定位，如果已知高度則只要三顆GPS衛星。GPS的無線電訊號穿過大氣層(尤其是電離層)時的傳播速度會受影響，衛星的軌道資料可能不夠準確，時鐘也有誤差，各種誤差因素使得以GPS訊號測量傳播時間轉換成的距離被稱為是「虛距(pseudo range)」。

早期GPS衛星定位訊號被故意加入稱為「SA(Selective Availability)」的人為誤差，使準確度只能達到100m的等級，並不符合進出港時10m以內，甚至港區內1m內的航行準確度要求。為了提高定位準確度，更為了有一個監控機制來提高定位服務的可信度與可用率，所以許多國家都在沿岸佈設「DGPS(Differential GPS)」服務，在海事無線電標杆(marine radio beacon)的頻段(283.5-325kHz)廣播差分修正訊號，讓接收DGPS訊號的船舶可以把定位誤差縮小到10m(95%)以下的等級。DGPS的基本原理是：在已知準確坐標的固定位置設置「參考站」，計算各GPS衛星和參考站之間的實際距離，並以GPS接收機測量參考站和衛星之間的虛距，再把這兩種距離的差值透過無線電廣播讓船上的DGPS接收機，用來修正從GPS訊號測得的虛距，用差分的方式消除使用者和參考站GPS接收機的共通誤差。使用者離參考站愈

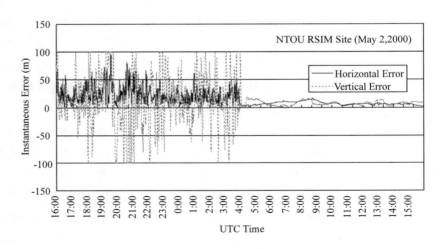

圖5-1　GPS解除SA效應前後，定位誤差的變化圖

近，雙方接收機接收的衛星訊號內的誤差(例如訊號因穿越大氣層而造成的誤差)愈有共通性。Beacon-DGPS服務的特性是：服務範圍一般都可以達到100浬以上，離DGPS參考站愈近則定位誤差愈小，可降到1m(95%)以下。一旦有任何GPS衛星有問題，DGPS可以即時偵測出來，並立即反應到訊息廣播中，避免GPS接收機因為誤用有問題的衛星而危及航安。

　　GPS是美國建置運作的系統，美國柯林頓政府於2000年5月1日宣佈解除干擾民用GPS定位服務的SA機制，使民用GPS「標準定位服務(Standard Positioning Service, SPS)」的準確度大幅提升。圖5-1是國立臺灣海洋大學DGPS參考監測站所記錄的SA解除前後GPS定位的水平誤差與垂直誤差隨時間變化的情形。但是GPS-SPS的95%水平定位誤差在全球許多區域(包括臺灣海域)都還是大於10m，而且可能會持續一段時間有相當大的誤差，卻無法將這樣的狀況及時告知使用者。這種情況漁船或娛樂船舶或許還可以接受，對於商船而言卻是無法接受的。更何況，美國仍可以視情況需要選擇性地干擾某些地區GPS的使用。因此，國際組織一致認為：GNSS衛星定位的輔助系統，也就是DGNSS(Differential GNSS)或DGPS仍然是必要的。各國建置的DGPS/DGNSS服務仍持續維護運作，甚至升級新建中。

　　圖5-2是GPS與DGPS水平定位誤差全日變化情形的比較，所用的資料是2000年7月底在基隆海洋大學測得的，該日天氣晴朗，從該圖可以看出GPS的誤差在下午時段最高，很可能是電離層所致，而這類誤差正是DGPS最能修正

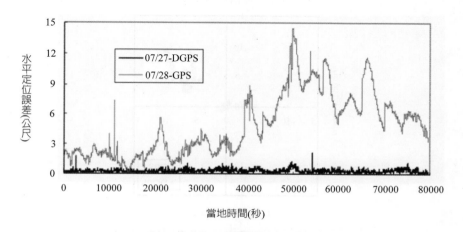

圖5-2　GPS與DGPS全日定位誤差的變化圖

的部份。圖5-3則是以實際位置為原點，顯示SA解除後GPS與DGPS定位誤差在2小時內的變化情形，這是在離國立臺灣海洋大學DGPS參考監測站約6.6公里的基隆地政事務所衛星控制點定點測量的結果，DGPS水平定位誤差可說都維持在1m內。SA解除後的GPS定位即使長時間取平均，也可能偏離實際位置好幾公尺，而且因為沒有短時間內大幅跳動的情形，甚至可能在幾分鐘內都看不出定位誤差跳動，很容易讓人誤以為是準確而可靠的。用於海上航行定位更應該注意。

DGPS是透過無線電波傳送的，有無線電波傳播過程中的干擾問題，如果DGPS服務產出的修正資料有問題，DGPS的監控機制也會自動停止廣播以避免送出錯誤的資料。所以雖然ECDIS可以優先使用DGPS，並在無法使用DGPS訊號時自動切換成未經修正的GPS定位，航海人員卻應該知道切換成GPS後不僅準確度變差，可靠度也受影響。

由於GPS定位相當於多個球面(以衛星為球心，虛距為半徑)可能的交點位置範圍，GPS的定位準確度會受到當下衛星的分佈狀況影響，用來定位的衛星愈是集中在某些角度，則準確度愈會被稀釋。這個幾何因素可以用「定位精確度稀釋因子(Dilution of Precision, DOP)」來量化。如果所有地平以上(通常選擇仰角5-10度以上)的GPS衛星到接收機天線之間沒有被遮蔽，接收機將選擇角度比較適合的衛星組合，來縮小DOP值。依據IMO MSC的船舶

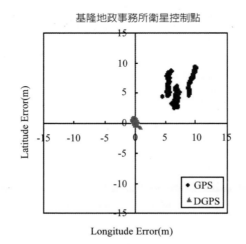

圖5-3　GPS與DGPS定位誤差2小時內變化情形的比較

設備標準要求：船載GPS接收機在HDOP(水平DOP)=4的情況下，動靜態船位的定位準確度都要達到100m(95%)以內，每秒至少輸出一筆定位解算結果，以0.001分的解析度(<2m)提供WGS84經緯度坐標。必須能處理符合國際標準ITU-R M.823的Beacon-DGPS資料，使用DGPS時定位準確度應提高到10m(95%)以內。

5.2　備援應急的感測系統

　　ECDIS在海圖上顯示的本船船位是從電子定位系統自動連續取得的，為了安全起見，ECDIS應該至少具備兩個定位資料來源，一方面可做為緊急備援，如果屬於不同的定位技術，更可以獨立檢核船位。除了GPS/DGPS之外，ECDIS常用的定位系統包括同樣屬於導航衛星系統的「GLONASS」和屬於地面無線電導航系統的「羅遠C(Loran-C)」。衛星導航比較適合的備援系統應該是技術特性差異較大的地面無線電導航系統。以往Loran-C的定位準確度(約0.25浬)遠不如GPS，但是近年來歐美多國在評估GPS衛星導航的脆弱性之後，開始著手改進Loran系統技術。最新的Enhanced-LORAN(eLORAN)技術將可以提供與GPS相近的準確度。

　　GLONASS是俄國建置的系統，也是全球導航衛星系統之一。依據IMO MSC的船舶設備標準要求：船載GLONASS接收機在HDOP=4的情況下，動靜態船位的定位準確度都要達到45m(95%)以內，每秒至少輸出一筆定位解算結果，以0.001分的解析度提供PZ-90坐標系統的經緯度，也必須能把PZ-90的坐標轉換成WGS84的坐標。必須能處理符合國際標準ITU-R M.823的DGLONASS資料，使用DGLONASS時定位準確度應提高到10m(95%)以內。

　　另外還有一種結合GPS與GLONASS接收機的設備，可以同時利用兩種系統的衛星提高可用率、準確度、和可靠性。依據IMO MSC的船舶設備標準要求：這樣的結合式設備在HDOP=4的情況下，動靜態船位的定位準確度都要達到35m(95%)以內，提供WGS84經緯度坐標。在使用DGPS, DGLONASS,或兩者同時使用的差分定位模式下，定位準確度應提高到10m(95%)以內。

資料的參考系統與整合

在此，感測資料的「參考系統(reference system)」主要是指：大地坐標系統(geodetic system)，以及天線和感測轉換裝置(transducer)的位置。

地球是個稍微扁平而且表面不規則的旋轉橢球體，必須取一個近似地球的參考橢球體，把橢球中心固定在空間中的某個位置，設定長短軸的方向，才能以此為準，算出地球上某個點的經緯度坐標與高度。這樣的大地坐標系統又稱「大地基準(geodetic datum)」。以往為了區域測量製圖需要，海圖的大地坐標系統多半採用區域或各國自訂的當地坐標基準(Local Datum)，例如：日本的Tokyo Datum，歐洲的European Datum 1950(ED50)，北美的NAD 27，全世界的大地基準超過100個。臺灣原採用的TWD67就是以GRS67參考橢球的長短軸半徑等橢球參數，以南投縣埔里鎮虎子山的一等三角點為基準點的大地基準，相當於調整GRS67參考橢球的中心點使橢球面在虎子山基準點和大地水準面吻合，國際上常稱之為「虎子山基準」。

GPS與GLONASS都是全球導航衛星系統，當然需要適用於全球的大地基準。GPS採用的是WGS84，而GLONASS採用的是PE90(同PZ90)，兩者的坐標相差數公尺。然而WGS84與許多local datum卻可能有相當大的差異，例

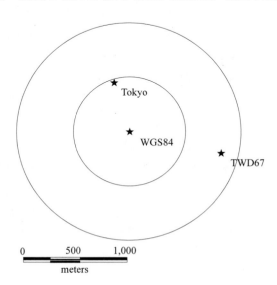

圖5-4 臺灣海域常用海圖坐標系統之間的位置差異

如：歐洲ED50和WGS84相差將近300公尺，日本的Tokyo Datum和WGS84之間的差異約500公尺，臺灣的TWD67虎子山基準和WGS84之間更有大約850公尺的差異。下圖是把地理坐標都是北緯24度、東經121度，但坐標系統分別是WGS84、Tokyo Datum，和TWD67的定位點，以麥氏投影顯示，並以WGS84坐標點為中心繪製500m與1000m距離圈的結果。

　　隨著船舶使用GPS定位的普遍化，紙質的航海圖也開始逐漸改用WGS84坐標系統，通常是先在海圖上套用兩種坐標系統的經緯度格線或是在圖上提供從WGS84轉換成紙圖上坐標系統的經緯度差值，以便使用者把GPS定位結果正確標示在海圖上，再逐年改以WGS84製作發行新版海圖。日本就是在2002年3月底才取消所有Tokyo Datum的航海圖，全部改用WGS84。

　　最初電子海圖系統使用的電子海圖都是從現成的紙海圖數化製作而成的。因此，如果沒有經過坐標基準的轉換，GPS定位與海圖之間的差異可能會遠比GPS定位本身的誤差還大，危及航行安全，而航海人員為此不是抱怨海圖不準就是認為GPS有問題。兩者若要匹配，可以把GPS的WGS84經緯度轉成海圖的坐標系統，或是把海圖轉換成WGS84。圖5-5是把基隆港的TWD67海圖和轉換成WGS84後的海圖套疊顯示的結果。

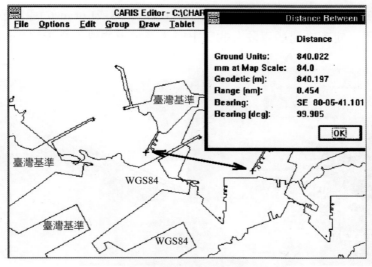

圖5-5　基隆港海圖坐標系統轉換前後的差異

　　只要知道兩種坐標系統之間的轉換參數和演算法,要把向量式的電子海圖轉換成WGS84不算難,只是轉換過程可能會影響準確度。網格式電子海圖因為相當於紙海圖的掃描影像,只能保留原有的大地基準與投影,頂多附加坐標系統相關的轉換資訊,使得電子海圖系統的海圖與船位顯示必須遷就網格式海圖的坐標系統。如果採用轉換GPS定位遷就海圖坐標基準的方式,雖然可以讓船位和海圖上的海域環境相對關係正確,但是這樣轉換後的船位如果透過無線電語音或船舶自動識別系統報告給VTS(船舶交通服務),顯示在VTS的WGS84電子海圖上,就會出現如圖5-6穿越陸地進港,以及明明停靠碼頭卻變成在陸地甚至山上的情形。左圖的船舶航跡穿越陸地,明顯是因為TWD67與WGS84之間的差異,而右圖則應該是使用Tokyo Datum海圖造成的。可以想見,如果這樣的船位變成海上船舶在ECDIS或雷達上看到的AIS目標位置,遇險時發出的船位,或是送給採用不同坐標系統的其他航儀整合應用,可能帶來多大的風險。

　　ECDIS與ENC以WGS84為標準,所以使用官方ENC時的標準ECDIS不會有坐標轉換的問題。至於在沒有ENC時以RCDS模式使用RNC的ECDIS該如何處理坐標基準,在ECDIS相關標準中也有相當明確的規範,要求提供對應的警告與指示,提醒使用者注意。

　　ECDIS使用的定位系統(例如GPS與GLONASS或Loran-C)通常各有各的天線,不一定都在船舶駕駛台的正上方,而定出的船位是天線的位置。雷

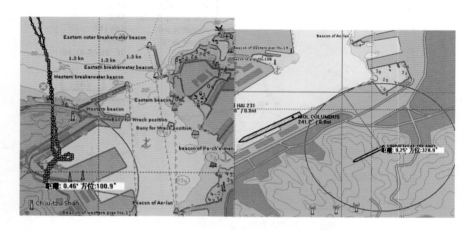

圖5-6　採用非WGS84坐標系統海圖可能造成的問題

達測得的目標回跡距離則是相對於雷達天線位置。所以如果要把本船的符號(尤其是真實尺度的船形符號)和雷達目標正確地標繪在電子海圖上，就必須把雷達的所有水平量測值，例如目標距離、方位、相對航向、相對速度、最接近點距離與時間(CPA/TCPA)等，調整對應到船上「一致的共同參考點(Consistent Common Reference Point, CCRP)」，此CCRP通常設在駕駛台的位置，並設定各個定位天線和這個共同參考點之間的相對位置。就速度感測資料而言，則必須注意是對地的速度還是相對於水流的對水航度。例如：GPS提供的速度是對地航向航速，電磁測速儀測得的是對水的速度。

　　海圖資料的基準除了「水平基準」之外，還有「深度基準」和「高度基準」這兩種垂直基準，分別做為深度和高度的參考基準。燈高、建築物高度、等高線的高度，都是相對於「高度基準」的高度值，通常採用「平均海水面」或「高潮面」。水深會隨著潮汐變化，為了航行安全起見，航海圖應該提供的是該海域在最低低潮位時能有多少深度。長期而言，IHO希望各國都能以「約最低低潮位—最低天文潮」做為航海圖的深度基準。但是因為這個基準需要長期的觀測，目前各國只能依據實際資料狀況選擇適合的垂直基準。ECDIS與ENC並沒有指定要使用哪一種垂直基準，但要求S57 ENC一定要分別定義所有深度與高度資料的垂直基準。IHO S57提供了約30種垂直基準選項。即使是採用最低低潮位為深度基準，有時候風的效應還會使實際水深比圖載水深值更淺。

第 6 章

ECDIS 的基本導航功能與設定

6.1　基本導航功能

　　ECDIS提供了許多自動或手動操作的基本導航功能，航海人員應熟悉ECDIS人機介面的操作運用，以便善用這些功能，避免在緊急狀況下造成不必要的延遲。

　　應熟悉的重點包括：

　　1. 很快地找到或讀取ECDIS自動提供的資訊，例如：船舶的位置、艏向、航向、航速、比例尺或距離尺度、安全值和時間等。

　　2. 迅速安全地操作或協調操作所有的手動功能，例如：使用游標(cursor)、電子方位線(EBL)、可變距離圈(VRM)等，設定參考點、平移海圖顯示的中心點、量取本船到參考點或是任意兩個目標點之間的方位距離、標示人員落水的事件點、標示人工定位點的定位時間與方法、點選查詢水域任一點的水深範圍。

　　3. 在各種不同的操作與顯示模式之間切換

　　IMO的ECDIS性能標準只規範了功能要求，各廠牌ECDIS的人機介面設計有相當大的彈性空間與差異。但是在船舶駕駛台航儀整合的趨勢以及相關國際組織的努力下，人機介面的一致性已經在導航相關符號、術語和縮寫方面有了IMO SN/Circ.243: "Guidelines for the presentation of navigation-related symbols, terms and abbreviation", Dec. 2004以及Resolution MSC.191(79): "Performance Standards for the Presentation of Navigation-related Information on Shipborne Navigational Displays", Dec. 2004這些原則或規範。在符號方面主要是採用IHO對於ECDIS的符號設計，而且雷達最新修訂的設備性能標準已經把這些符號化的規範納入，讓這兩種重要航儀的人機介面更趨於一致。

6.2 海圖本身的內容(Own Chart Entries)

在ECDIS螢幕上呈現出來的海圖內容是隨著各種設定條件與操作模式的組合狀況而彈性變動的。

開機載入電子海圖時，預設顯示的是「標準顯示」內容，不包括水深點、海底電纜與管線、渡輪航路、地名、坐標系統、磁差、經緯線等，有些孤立危險物如沉船、暗礁等也不會被顯示。如果使用者覺得「標準顯示」呈現出來的畫面還是太雜亂，可以選擇只顯示屬於「基本顯示」的內容，但是航道邊界、禁制或限制區、海圖圖幅邊界等將不會被顯示。當然，標準的ECDIS系統必須能讓使用者在「基本顯示」或「標準顯示」的內容之外，選擇想要新增顯示的海圖資訊項目，甚至是直接選擇「全部顯示」。為了在航行中必要時能迅速切換，顯示出必要的資訊內容，ECDIS標準也要求必須設計快捷按鍵，讓使用者能以單一動作就直接回復到「標準顯示」。

一般ECDIS設計的海圖顯示設定方式是分成三部份：

1. 切換選擇「基本顯示」、「標準顯示」、或是「全部顯示」。
2. 分別勾選是否顯示水深點、文字資訊、燈光、經緯線。
3. 細部設定增加或刪除顯示的海圖物件類項。

除了上述選擇與設定之外，在ECDIS螢幕上顯示的海圖資訊還會自動受到「顯示比例尺」的影響。當使用者縮小ECDIS的顯示比例尺以便看到更廣的區域範圍時，為了避免因為海圖視窗畫面資訊過多而影響判讀，ECDIS會自動把部分內容過濾掉，例如：浮標和等深線可能會全部或部分不見了。這個自動依據「顯示比例尺」而篩選顯示內容的功能，依各家ECDIS的軟體設計而有不同的作用，即使是同時在ECDIS上顯示的兩幅電子海圖之間也可能會有效用上的差異。原因是：這功能主要是依據製作S57電子海圖時可以對個別海圖物件設定的「最小顯示比例尺」屬性。有些電子海圖在製作時並沒有填入這項屬性值，要如何設定這個值也尚無定論，因此圖資本身就可能相當

不一致，而在ECDIS的軟體設計上是否使用或如何使用這個值，也並沒有明確的規範。

6.3　航標的呈現

　　關於標杆與浮標的符號設計(如圖6-1)，ECDIS除了提供航海人員熟悉的傳統紙海圖符號之外，也提供了一組簡化的符號和顯示規則，不但可以提高系統的海圖顯示速度，更有助於在海域資訊複雜的狀況下提高標杆與浮標的可辨識性。

　　「燈光」是S57電子海圖中最複雜的物件之一。燈光的顯示方式得看是在浮動平台(例如：浮標)還是固定的平台(例如：標杆或燈塔)上、燈光的見距、燈光的顏色等而決定。ECDIS除了依據這些資訊判斷如何顯示燈光以外，可以據此產生燈光的涵蓋範圍，以及描述燈質的文字標示。以分弧燈為例：定義各個扇形光弧的徑向線一般是從燈光位置畫到25mm長，以避免圖面過於雜亂，但是ECDIS在設計上可以讓航海人員選擇延伸到燈弧的公稱光程，甚至即使是燈本身不在ECDIS海圖顯示範圍內，航海人員也可以點選查詢確認影

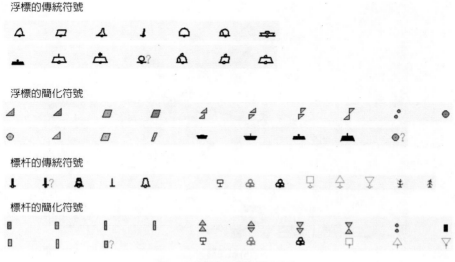

浮標的傳統符號

浮標的簡化符號

標杆的傳統符號

標杆的簡化符號

圖6-1　浮標與標杆的符號設計

響本船的光弧顏色與範圍。圖6-2是以蘇澳港海圖為例，比較分弧燈在ECDIS
上(a圖)和紙海圖上呈現方式的差異。

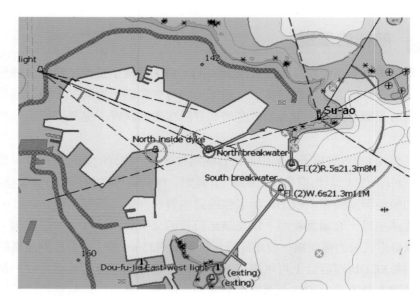

(a) ECDIS

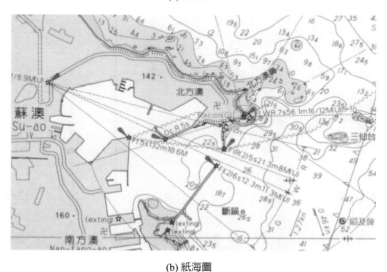

(b) 紙海圖

圖6-2　分弧燈在ECDIS和紙海圖上呈現方式的差異

(a) ECDIS

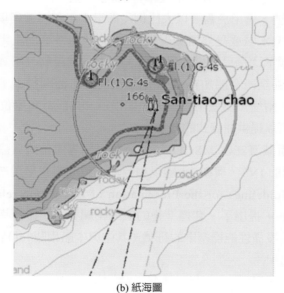

(b) 紙海圖

圖6-3　航標在ECDIS和紙海圖上呈現方式的差異

　　圖6-3的上圖取自圖號04515的紙海圖，下圖是製作成S57電子海圖後在ECDIS上選擇用傳統符號並顯示燈光與文字的畫面。其中三貂角燈塔分弧燈的紅光弧與白光弧(以黃色顯示)的公稱光程分別是20浬與24.5浬。卯澳漁港和馬崗漁港港口兩側防波堤標杆上的燈光是左綠右紅。

6.4 外加的資訊(Additional Information)

ECDIS會自動依據電子定位裝置(通常是GPS/DGPS)提供的定位值,以本船符號在海圖上標示船位。ECDIS也可以讓使用者手動輸入定位點(以符號標示,並加註使用哪一種定位技術),或是實施傳統在紙海圖上執行的定位方法(定位線)。航海人員更可以在ECDIS的系統電子海圖上加上「航海人員註記(Mariner's note)」或「事件(event)」。

6.5 本船與運動向量

本船的位置與動態是ECDIS上最重要的資訊。ECDIS為此設計了兩種符號:一種是不受比例尺影響(固定大小)的本船符號;另一種是真實比例(true scale)的船形符號,適用於需要以大比例尺顯示本船和週遭環境的相對關係時(例如航行於狹窄水域或是要避開礙航危險時)。通常可以設定一個顯示比例尺的界限,當顯示比例尺超過此界限值,ECDIS就自動改用真實比例船形符號來顯示本船(甚至所有船舶)。在船舶速度向量方面則提供了「對水航速」與「對地航速」兩種,供使用者選擇。如果ECDIS設計有船位預測功能(path predictor),也可以提供曲線式的向量。

國際海事組織海安會(MSC)為了使所有船舶導航系統與設備,包括:雷達,ECDIS, AIS, INS,與IBS,能以相容而一致的方式呈現航行資訊,而於2004年通過「Guidelines for the Presentation of Navigation-related Terms and Abbreviations」,提出了一套標準化的航海相關符號、術語與縮寫,以標準符號取代現有各設備性能標準中的符號。其中與本船相關的符號如表6-1。

表6-1　船舶導航設備應採用的本船相關符號

主題	符號	說明
本船		以本船參考位置為中心的兩個圓。
本船真實尺度輪廓		用於小範圍/大比例尺； 指向船艏向。
本船雷達天線位置		用於顯示雷達影像時，以十字標出提供該影像的雷達天線位置。
本船艏線		起點是本船參考點，長度可以是固定的。
本船正橫線		固定長度，或可調整設定； 以本船參考點為中點。
本船速度向量		起點到終點的時間間隔可以用短橫線標出；加上單前頭(↑)表示是對水穩定的向量，加雙前頭(⇑)則表示是對地穩定的向量。
本船路徑預測		
本船歷史航跡		用寬線描繪從主要定位源取得的航跡資料，細線則表示是從第二定位源取得的航跡。可以加短橫線標示時間間隔。

第 7 章

ECDIS的航路計畫功能

　　要在ECDIS上規劃出一條從A點到B點的航路計畫，首先得在ECDIS上以適當的比例尺顯示從A點到B點所有區域的電子海圖。一般ECDIS會以地球儀或世界地圖的方式，讓使用者可以查看系統資料庫中各電子海圖的涵蓋範圍(如圖7-1)，或直接選取載入該區域的海圖。有些更提供「港口搜尋」的功

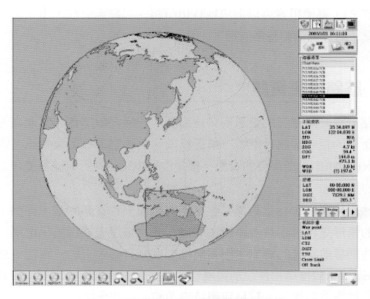

圖7-1　ECDIS(Winmate)的圖形化海圖目錄

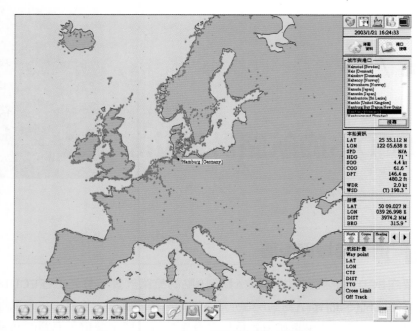

圖7-2　ECDIS(Winmate)搜尋港口載入海圖的功能

能(如圖7-2)，讓使用者可以很快地找出航路的起點與終點，由系統自動取出
必要的電子海圖以規劃整個航程。

7.2　航路計畫資訊

　　航路計畫時應參考的資訊不只是海圖。如何從ECDIS和其他來源取得航
路計畫所需的相關資訊，例如：航行指南、潮汐表、海氣象資訊。如何取得
特殊狀況(例如錨泊)所需要的資訊。都是改以ECDIS執行航路計畫作業時，應
該了解的重點。

　　雖然ENC與ECDIS已具備了整合所有航海刊物資訊的基本機制，但是目
前普遍的情形是：真正整合進ENC的僅止於水道燈表或燈塔、燈標、無線電
標杆這些助導航設施的資訊。因為航標制度具有國際上的一致性，這類資訊
在電子海圖的S57標準物件類別與屬性中有完整的定義，更因為紙海圖上也有
航標的符號與文字標示，只是使用紙海圖時必須搭配查閱燈塔表，才能取得

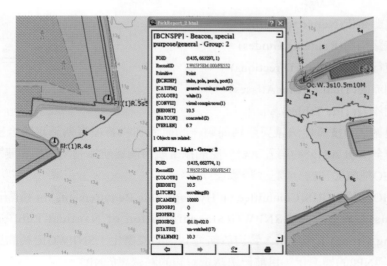

圖7-3　燈塔表／水道燈表與ECDIS的整合

較完整的資訊，而電子海圖正可以充分展現其資訊整合與顯示方面的優勢。整合後只要點選海圖上的航標符號就可以直接查得該航標的詳細資料。例如圖7-3，點選的是箭頭所指的位置，查詢結果顯示在查詢報告的對話框裡，提供的資料包括：該標杆的形狀(BCNSHP)、類別(CATSPM)、顏色(COLOUR)、能見度(CONVIS)、高度(HEIGHT)、材質(NATCON)、垂直長度(VERLEN)，以及標杆所附燈光(LIGHTS)的顏色(COLOUR)、高度(HEIGHT)、燈質(LITCHR)、最小比例尺(SCAMIN)、信號群組(SIGGRP)、信號週期(SIGPER)信號序列(SIGSEQ)、狀態(STATUS)、公稱光程(VALNMR)。

依據國際海測組織(IHO)的決議文[1]，航海刊物應該至少包括下列幾種：

距離表(Distance Tables)。

浮標與立標表(List of Buoys and Beacons)。

燈表(List of Lights)。

無線電信號表(List of Radio Signals)。

海圖圖例(List of Symbols, Abbreviations and Terms used on Charts)。

海員手冊(Mariners' Handbooks)。

---

[1] Resolutions of the International Hydrographic Organization Publication M-3 Version updated Nov. 2005

航船布告(Notice to Mariners)。

航路指南(Routeing Guides)。

航行指南(Sailing Directions)。

潮流圖(Tidal Stream Atlases)。

潮汐表(Tide Tables)。

遵循IHO技術性決議與建議而製作的航海刊物將被視為滿足聯合國海上人命安全(SOLAS)公約第五章對於船舶攜帶航海圖與航海刊物的相關要求[2]。

IHO把航海刊物分成三類,如表7-1:

IHO在其CHRIS(Committee on Hydrographic Requirements for Information Systems)委員會下設立SNPWG(Standardization of Nautical Publications Working Group)工作小組,致力於航海刊物的標準化。SNPWG最初的議題在於NP1與NP2的標準化,目前已決議把討論的點聚焦於NP3。

英、美、日、德、荷等國家在航行指南等航海刊物的數位化或與ECDIS整合方面都已經有一些研發成果。英國海測局(UKHO)的數位化航海刊物已包括:Admiralty Lists of Radio Signals, Admiralty List of Lights, Total Tide,以及PDF格式的航行指南電子檔(可下載檔案自動更新)。其中在Windows平台上執行的Admiralty List of Lights和Total Tide已被英國海事與海岸巡防署(MCA)認可,視同符合SOLAS與英國海運法規對於攜帶的燈塔表與潮汐表的要求。

這些航路規劃必需的航海資訊或數位化刊物,和ECDIS整合的程度不同,使用的方式也因此不同:

表7-1　IHO對於航海刊物的分類

類別	定義說明
NP1	紙本刊物。
NP2	相當於把現有紙本刊物製作成電子檔的獨立產品。
NP3	編輯成資料庫的形式,主要是為了在電子海圖顯示與資訊系統,完全與ECDIS相容的數位化資料組。

---

[2] SOLAS第五章第27條要求船舶必須依其預定航程攜帶足夠的海圖與航海刊物(例如:航行指南、燈塔表、航船佈告、潮汐表等),並維持其正確與最新。

表7-2　數位化航海刊物和ECDIS的整合與使用方式

整合方式	使用方式與說明
在執行上完全獨立	和ECDIS之間沒有任何資料或參數交換。
成為ECDIS的模組之一	執行中可以和其他模組交換資料，例如地理位置，彼此取得同步。
成為ENC物件屬性中連結的檔案	可以在點選查詢該物件之後，從屬性欄位取得檔案名稱或超聯結，並直接開啟該檔案。
成為ENC物件屬性類別的屬性值	例如：把水道燈表或燈塔與助航設施表內資料記錄在標杆、浮標、燈光…等等各類物件的屬性欄位。

　　圖7-4是數位化航海刊物成為電子海圖物件屬性連結檔案的範例：圖中的i符號所標示的是S57 ENC中的「航海刊物資訊」物件。點選查詢這個物件的屬性內容，其中有一欄(TXTDSC或PICREP)是檔案名稱，再點選這個檔案名稱則可以顯示出檔案的內容。雖然S57標準只列了.txt的純文字檔和.tif的圖檔這兩種檔案，但是也有些ENC延伸使用.htm這種超文字的網頁檔案格式。

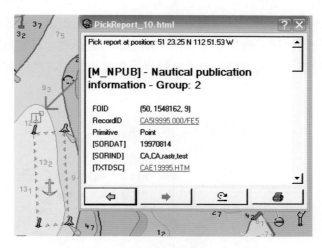

圖7-4　ECDIS以物件屬性連結電子化航海刊物

7.3 如何建構航路

在ECDIS上建構航路的方法有很多種兩種。最基本的是：使用游標在ECDIS顯示的海圖上點選航路點(waypoint)，由系統連接航路點成為航路段(leg)，再由一系列相連的航路段組成一個航程(voyage)的航路(route)計畫。除了直接在海圖上點選位置以外，也可以用文數字的方式輸入航路點以建構航路。通常ECDIS系統也有提供儲存、匯出、匯入航路計畫檔案的功能，讓已有的航路計畫可以在各個ECDIS設備之間交換使用。但是因為航路計畫檔案並沒有標準格式，所以這樣的功能很可能僅限於同一廠牌的設備。

在ECDIS上從A點到B點的航路，可以規劃很多條「替選航路(alternative route)」，甚至是由眾多航路點與航路段構成航路網，航行前再依狀況選擇適合的航路，稱之為「預定航路(planned route)或選定航路(selected route)」。在電子海圖上，替選航路以橘色虛線表示，選定航路則是以紅色粗虛線強調顯示(如圖7-5)，使用者可以選擇隱藏替選航路，以免圖面上過於雜亂。有的ECDIS系統已經內建了連接全球各個主要港口的航路網，只要設定起點與終點就可以自動產生建議航路，使用者只要再依據本船或其他狀況調整規劃即可。

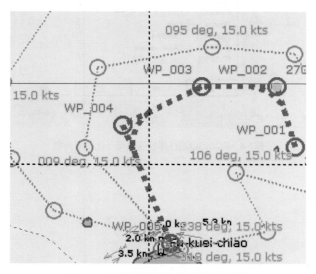

圖7-5　航路計畫的選定航路和替選航路

「航路點」和「航路段」都是歸屬於「航海人員的航海物件(mariner's navigational objects)」，不屬於S57 ENC，而是由S52定義這類物件的屬性和符號。「航路點」有舵角(rudder angle)和迴旋半徑(turning radius)等屬性，「航路段」則有航段特性和預定航速等屬性。其中航段特性是用來區分該航段是採用恆向線(rhumb line)還是大圈(great circle)航法。ECDIS系統會自動依據該特性，計算出各航段的航向和距離。

規劃後儲存在系統資料庫內的航路點和航路，可以再取出並開啟，以清單的方式列表或是在海圖上以符號顯示，使用者可以像查詢其他海圖物件資訊一樣，用游標點選「航路點」和「航路段」查詢細節。

7.4　調整已規劃的航路

在調整航路方面，ECDIS設備標準要求提供的方法如下：
1. 在航路上新增或插入航路點。
2. 刪除航路上的航路點。
3. 改變航路點的位置。
4. 變更航路點在航路上的順序。

這些方法可以在ECDIS海圖視窗顯示的航路上，直接以游標點選、拖拉等圖形化人機介面執行；也可以在航路點表單上以剪貼複製刪除等基本文書編輯工具完成。ECDIS通常還會提供直接反轉航路的功能，反轉航路點在航路上的順序。

7.5　規劃曲線航路區段

ECDIS性能標準要求航路計畫必須能同時包含直線與曲線區段，但是對於「曲線區段」並沒有進一步的定義或說明。所謂的曲線航路區段，廣義上應該可以分成兩種：一種是採用大圈航法的航路段，另一種則是在航路上轉向處由ECDIS依據本船操縱特性參數自動產生的建議航跡曲線，例如圖7-5的選定航路在第4個航路點(編號WP_004)轉向的角度相當大，系統自動產生適當的建議曲線。

　　ENC電子海圖的空間坐標是採用WGS84經緯度坐標，而ECDIS顯示電子海圖時，通常有多種投影方式可供選擇。在規劃某航段屬於大圈航路時，使用者通常只要直接連接兩個航路點，並且指定(在屬性上設定)此航段採用大圈航法即可。ECDIS系統則必須有完整而準確的對應設計，否則可能會出現下列問題：

　　1. 以兩端點計算航向和距離時，使用過度簡化的公式或不當的橢球參數，以致誤差過大。

　　2. 沒有加入適當的大圈分點，以至於在電子海圖上畫出的這段航路，無論在哪一種投影方式下都形同直線，連帶使得航路和海圖物件之間的空間關係錯誤，在檢核航路安全時造成誤判。

　　ECDIS設備認證標準(IEC 61174)針對這類航海計算的準確度，設計了一套測試資料和測試腳本，以確認ECDIS能正確執行下列計算：

　　1. 兩個地理坐標點之間的真實距離和方位。

　　2. 從已知位置和距離/方位，求解另一點的地理坐標。

　　3. 恆向線和大圈的各種計算，包括：兩點之間的真實距離、前向方位(大圈初向)、反向方位、各大圈分點的位置。

　　測試腳本之一是從波士頓到鹿特丹的航路計畫，在橫跨北大西洋時採用大圈航法，用以目視檢查ECDIS顯示的航路和海圖資料之間的相對關係是否正確。腳本中也列有各大圈分點的坐標可供檢驗。由此可見，船舶依照海上人命安全公約的要求而配備通過型式認證的設備，在安全與效能上確實比較有保障。

　　在海圖上初步規劃的航路，尤其在轉向點附近，必須再考量船舶操縱特性的限制，予以調整修正，才可能安全地遵循航行。這部份相當於把原本直線轉折的航路，依據迴旋半徑(turning radius)、用舵點/線(wheel-over points/lines)和安全速度等，自動修正成曲線。實際上ECDIS在自動修正的過程中，究竟考慮了哪些因素？又是如何計算出來的呢？在S52標準的航海物件設計裡，「航路點」物件可以附帶舵角和迴旋半徑(轉向半徑)的屬性值，「航路段」物件則有預定航速值。ECDIS基本上是依據使用者在各航路點設定的迴旋半徑來產生轉向曲線的。使用者又該如何設定各航路點的轉向半徑呢？這樣產生的航路很可能仍然是不可行的。較好的ECDIS設計應該能在安裝系統

時就要求輸入船舶特性的參數，依據船舶操縱的特性參數以及航路本身的幾何特性，評估航路的可行性，偵測出其中是否有不可能的轉彎，發出警告提醒使用者，讓使用者再調整航路點的轉向半徑，必要時改變該點或其前後航路點的位置。

　　IEC 61174設計了一些複雜的航路規劃測試腳本來檢驗ECDIS的這些功能，測試的航路範圍分別以0度緯線／0度經線交叉點，以及0度緯線／180度經線交叉點為中心，以確定ECDIS的航路計畫功能不受跨越東西半球或南北半球交界的影響。另外IHO也提供了幾組南北向、東西向、以及對角線等長距離的測試航路，用以檢驗恆向線與大圈距離的計算是否夠準確。圖7-6是依據IEC 61174的測試腳本中的航路點規劃的航路，預定航速15節，W6與W7、W8都相差2分。

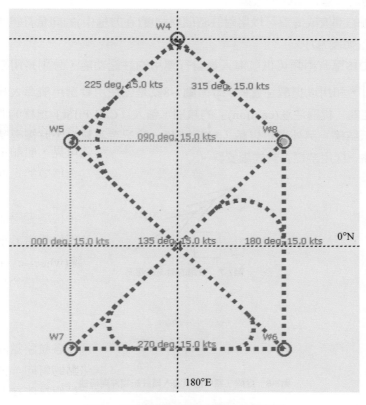

圖7-6　ECDIS曲線航路計畫功能的測試範例

7.6 在航路計畫上加註

當使用者選定航路後，可以輸入預定從第一個航路點啟航的日期時間，ECDIS系統可以自動計算出預計抵達各個航路點的時間(ETA)。甚至有些ECDIS還可以計算出燃油消耗量、用舵(wheel-over)的位置和時間點。ECDIS標準所定義的「用舵線(wheel-over line)」，是和當前航路段交叉而平行於下一個航路段的一條線，交點是應該開始用舵轉向以便準確進入下一航段的位置。船舶操縱特性、舵角、轉向半徑、風速風向、潮流等都是計算這個交點(用舵點)位置應該考慮的因素，所以交給ECDIS廠商自行設計發揮。

ECDIS可以讓航海人員在航路上標示「預定位置(planned position)」，並附註預計抵達該位置的日期與時間，位置以航路段上的垂直短線標示，日期時間則是以橢圓標籤的形式顯示。

預測的潮流或海流可以用附註時間與強度(在方框中)的向量符號標繪在電子海圖上(如圖7-7)。

ECDIS還有兩類可供航海人員自行運用的註記功能，分別是用來提供資訊的 $\boxed{\text{i}}$ ，和用以提醒注意的 $\textcircled{!}$ 。圖7-8就是由使用者選用航海人員註記物件，設定為「提醒注意(caution)」的類別，輸入「Call Pilot」這樣的註記文字後的顯示結果。另外還可以輸入註記時間、註記者等資料，有需要時可以像海圖物件一樣用游標查詢詳細資料。

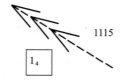

圖7-7　預測的潮流或海流

圖7-8　提醒注意用的航海人員註記物件與符號

7.7　設定安全值並檢核航路的安全性

　　自動檢查航路的安全性是ECDIS提升航行安全的重要功能之一，這也是使用網格式電子海圖的系統無法提供的功能。在ECDIS上規劃的航路，並不需要航海人員再轉繪到沿線其他各種比例尺與圖幅範圍的電子海圖上。航海人員可以隨意放大局部區域，由系統自動載入適當比例尺的海圖，以目視檢查航路周遭更詳細的海圖資訊。然而目視檢查容易有疏漏，在海圖電子化之後，更已是不必要的工作負擔，為此，ECDIS標準要求提供自動檢查航路安全的功能：只要依據本船特性，設定「安全水平距離」、「安全深度」、「安全等深線」、「安全高度」等安全限制參數，ECDIS可以自動沿線取出系統資料庫中最大比例尺的電子海圖，檢查航路兩側安全水平距離內是否有水深不足、橋或高架管線電纜等下方通行高度不足、特殊狀況區，或任何有礙航行的沉船暗礁等海圖物件的存在。如果有，則發出警告訊息，並且以醒目的紅色在海圖上標示出該物件，讓航海人員查詢細節並調整航路。

　　以圖7-9為例：先規畫好各航路點連接成一條航路(WP_001到WP_006)，並選定該航路為預定航路，左圖與右圖分別是以1:400,000與1:200,000比例尺顯示該航路的畫面，此時只是規劃並選定了航路，還沒有執

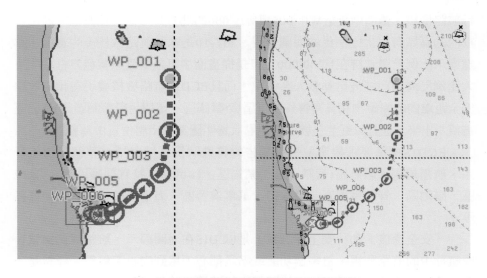

圖7-9　以不同比例尺顯示航路檢核前的預定航路

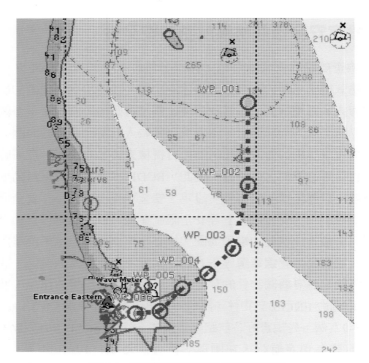

圖7-10　相同比例尺下顯示的航路檢核結果

行航路檢核。畫面中接近WP_005與WP_006的地方有一個紫色方框，表示方框內的區域有更大比例尺的海圖可用。圖7-10是執行航路檢核後的畫面。雖然顯示比例尺還維持在1:200,000，但是從畫面中可以看到原紫色方框中的更大比例尺海圖已經被自動載入系統中。而且ECDIS航路檢核發現在預定航路安全距離內的障礙物和具有特殊狀況區域(禁錨區、環境污染管制區等)都已經被偵測出來，並且以紅色星號或紅色點狀透明圖案標示出位置做為警告。

　　ECDIS標準要求檢測並提供警告的特殊狀況區域包括：整個分道航行系、航道規劃、限制區(含禁漁區、禁錨區、傾倒區、特殊保護區等)、警戒區、錨泊區、管線電纜區、濬深區、軍事演習區、海上生產區、貨物轉運區等。

　　「安全深度」和「安全等深線」是ECDIS在海圖顯示、航路規劃檢核、或航行中的航路監視，這幾個功能或階段都必須用到的設定參數。通常是一開始使用系統時就先設定，之後隨著本船狀況或航行階段再適當調整。因為

ECDIS會以「安全等深線」為界，用不同的顏色區分顯示深水區與淺水區，也會對深度少於安全值的水深點，特別強化顯示，以協助航海人員判讀海圖，認知週遭水域深度和本船吃水的相對關係。

　　為了安全起見，ECDIS標準(IHO S52)要求在顯示海圖時，不得以潮高修正水深值。但是系統可以設計整合潮汐資訊與航路規劃，在檢核航路時依據預定啟航時間，推算抵達沿線各點時的潮高，納入檢核。同樣地，在電子海圖裡還有一些物件是具有時間性的，例如：已公告暫時禁止進入的限制區、暫時設置的觀測浮標等，可能透過航船布告手動更新或是透過電子海圖更新檔案自動更新設定起訖日期。在航路檢核時，則應該依據預定通過的日期予以檢查。

　　至於通行高度是否不足的檢查，ECDIS是比較電子海圖物件中的「可通行高度」屬性值和設定的「本船安全高度」這兩個數值。凡是在可航行水域上方的橋樑、高架電纜與管線、輸送帶等，都必須要有可通行高度的屬性值，才算符合S57 ENC的規範。另外，「安全水平距離」還可以和運河、水閘等海圖物件的「可通行寬度」屬性相比較，檢查「可通行寬度」對本船而言是否夠寬。

　　雖然在航路檢核方面，ECDIS可以有這些功能設計，但是因為ECDIS標準其實只要求針對航路計畫中穿越安全等深線和特殊狀況區的情形提出警告，所以即使是使用標準(通過IEC61174型式認證)的ECDIS，也應該了解其確實提供的檢查內容。而且，航路檢核功能主要是利用電子海圖提供的資訊，航海人員應該儘可能使用官方可靠且適時更新的電子海圖，設定適合的安全值，並注意可能的功能限制。

第 8 章

ECDIS 的航路監視功能

8.1 監視的區域

連續自動地即時顯示船舶的位置是電子海圖的重要優點。當值的航海人員只要監看螢幕上的本船符號，就能大致看出本船是否在預定的航路上，或是否正接近任何危險物。但是，如何保持本船在螢幕顯示的範圍內呢？依據 ECDIS 性能標準，系統至少必須提供「真北朝上(north-up)」的海圖顯示模式，以及海圖固定的本船「真實運動(true-motion)」模式，當本船位置接近海圖顯示視窗的邊界時(和視窗邊界的最小距離由航海人員設定)，系統會自動平移調整顯示範圍，使本船維持在監視畫面上。有些 ECDIS 系統則是以本船符號為中心或參考點，設定一個矩形監視框，隨時保持這個矩形框在監視畫面上。

在航行中為了規劃或調整航路、預視前方、更新海圖、執行其他海圖作業等等，難免要離開本船所在的監視區，顯示另一個區域的海圖。此時 ECDIS 的自動航路監視功能(包括自動更新船位、提供警告)必須繼續運作，而且必須提供快捷鍵，讓航海人員能立刻回到顯示本船的監視區。

8.2 要求遵守的航路

經過航路檢核的航路計劃，可以被設定為航行中要遵行的選定航路。ECDIS 最基本的自動航路監視功能是：設定偏航限制，一旦船位偏離選定航

路超過此限制，ECDIS將發出警報。選定航路在航行階段必要時還可以再修改。

8.3 向量時間

前面曾提到，使用ECDIS時，當值的航海人員只要監看螢幕上的本船符號，就能大致看出本船是否在預定的航路上，或是否正接近任何危險物。這個部份其實牽涉到對距離和時間的判斷。航路監視階段，使用者是在相對較遠的位置看螢幕，為了讓本船位置一目了然，本船符號必須夠大。除非選用真實尺度船形符號，否則本船符號是不會隨著海圖放大縮小而改變符號大小的。因此，即使本船已偏離航路或接近危險物，在以小比例尺顯示大範圍海圖的時候，並不容易看出來。為了輔助航行當值，本船符號除了標示船位與艏向以外，還提供了速度向量。由航海人員自行設定向量時間(Vector-time)，ECDIS系統將依據航向與航速，預測該時間後的船位，以此決定本船速度向量的終點，在向量線上以短線標示1分鐘的時間間隔，每6分鐘再以加粗的方式標示(如圖8-1)。有的ECDIS還可以再依據轉向率提供曲線式船位預測，在轉向時相當於智慧型的船位推算。船位預測功能基本上只使用船位、艏向、轉向率、對地航速這些真實的運動參數，不具備船舶操縱特性的模擬。

圖8-1　本船的運動向量與船位預測

8.4　檢核用的定位測量

除了ECDIS和ECDIS本身使用的定位感測器以外，如何用其他方法獨立檢測本船的船位，並且把測得的船位標繪在ECDIS上？在航行時可以利用的工具有：可變距離圈(Variable Range Marker, VRM)、電子方位線(Electronic Bearing Line, EBL)、游標(Cursor)經緯度等。

要把定位點標繪在ECDIS上，通常只要使用「定位點」功能，以游標點選定位位置或是用鍵盤輸入經緯度，定位時間，再選擇該定位點是用哪種定位方法取得的，就能自動產生「定位點」物件顯示在海圖上，而且可以隨時查詢內容。

標繪定位點與定位時間的方式如圖8-2。定位時間(時分)標在定位符號的上方，採HHMM格式。推算船位與估算船位分別以DR與EP標於定位符號的左下側，其他定位方式標示於右下側。X是定位方法的代稱，例如：V是目視定位、A是天文定位、R是雷達定位、G是GPS定位、dG是差分式GPS定位、L是用Loran定位、Gl與dGl分別是Glonass與差分式Glonass。

8.6　警報(Alarms)

依據ECDIS的定義，「警報(alarm)」是指用聲音或聲音與視覺雙重方式提醒注意，「指示(indication)」則是僅以視覺的方式就某一狀況提供資訊。

航路監視時，顯示的本船船位是從連續定位系統自動取得的，ECDIS必須能顯示取自至少兩種定位方法的船位，清楚辨識正在使用的是哪一種方法，讓操作者選擇要用哪一種。其中第二種方法可以包括「推算船位」。

定位系統提供的船位資料一旦中斷，ECDIS必須發出「警報」。中斷的原因可能是定位系統本身故障，或者是定位系統和ECDIS的介面連線中斷或

圖8-2　定位點、定位技術和定位時間的標繪方式

故障，以至於沒有辦法繼續傳送資料給ECDIS。定位系統傳送給ECDIS的任何警報或指示，ECDIS也都必須以「指示」的方式顯示在螢幕上。因為此時定位系統雖然可以持續送出資料訊息，甚至持續提供定位結果給ECDIS，這些定位結果卻不一定能用。定位系統和系統電子海圖所用的地理坐標基準(geodetic datum)必須一致，如果有不一致的情形，ECDIS也必須發出「警報」。

以衛星導航定位系統為例：國際標準IEC 61162-1建議無論是GPS、DGPS，還是GLONASS或DGLONASS接收機都應該輸出GNS、DTM、ZDA這三種訊息，另一方面也建議ECDIS應該接收這三種訊息。這三種介面訊息的內容如表8-1。ECDIS接收這些訊息後，至少可以依據欄位資料發出無法定位或定位失效、太久沒收到差分資料、已改用GPS、HDOP過高等等訊息，提醒使用者注意。

表8-1　衛星導航定位系統和ECDIS的標準介面訊息

訊息別	內容說明
GNS	全球導航衛星系統定位資料 GNS訊息各欄位依序是：定位時間，緯度，北/南，經度，東/西，定位模式指標，使用的衛星總數，稀釋水平精度的幾何因素(HDOP)，天線高(相對於平均海水面)，大地起伏值，差分修正資料是多久以前產生的，差分參考站的識別碼。 「定位模式指標」是一個長度不固定的字串，目前只定義了前兩個字元，第一個字元是指GPS的部份，第二個字元是指GLONASS的部份。所以如果是DA，則表示使用DGPS與GLONASS，DD則表示使用DGPS與DGLONASS。 字元的意義如下： N = No fix. Satellite system not used in position fix, or fix not valid.(沒有定位或是定位結果不能用) A = Autonomous.Satellite system used in non-differential mode in position fix.(非差分模式) D = Differential. Satellite system used in differential mode in position fix.(差分模式) E = Estimated (dead reckoning) Mode.(推算模式) M = Manual Input Mode.(人工輸入模式) S = Simulator Mode.(模擬模式)
DTM	坐標基準 DTM訊息欄位包括：當地基準、緯度差、經度差、高度差、參考基準等。經緯度差值是正值，高度差則可能是負值。 使用方式是：$P_{當地基準} = P_{參考基準} + 差值$
ZDA	時間與日期 ZDA訊息欄位包括：UTC時間(hhmmss.ss)、日、月、年，當地時區的時差、當地時區的分。 使用方式是：日期時間(UTC)＝日期時間(當地)＋(∣時差∣＋∣當地時區的分∣)×(時差的正負號) 例如從\$GPZDA,013000,11,06,1995,10,30*4A<CR><LF> 這個訊息可知當地時間比UTC時間晚10小時30分。

　　除了定位系統故障、坐標系統不一致等嚴重影響航安的問題之外，航路監視時可能觸發「警報」的狀況包括：即將穿越安全等深線、超出偏航限制，接近航路上的關鍵點(例如轉向點)。在航路監視時，ECDIS也會檢查是否即將進入特殊狀況區域，並依據使用者的設定而提供「警報」或是較不會造成干擾或緊張情緒的「指示」。

　　ECDIS應偵測的特殊狀況區域包括：分道航行系的分道帶、叉口或圓環、警戒區、雙向航路、深水航路、推薦航路、近岸通行帶、迴避區、主航道、航道、限制區、錨區、禁錨區、軍事演習區、漁場、禁漁區、傾倒區、海纜區、管線區、水上飛機降落區、焚化區、貨物轉運區、冰區、外海生產區、潛艇通道、浚深區、特別保護區等。使用者可以自行評估這些區域對於航路監視的重要性，決定是否除了視覺指示以外還要以聲音提醒注意。

第 9 章

電子海圖資訊之更新

電子海圖資訊更新的相關國際規範

所謂「電子海圖資訊更新(ENC Updating)」是指：從製作、發佈傳播電子航海圖更新資訊，到接收、納入ECDIS電子航行海圖資料庫的過程。

IMO A.817(1995)決議案：「Performance standards for electronic chart display and information systems(ECDIS)」對於電子海圖資訊的提供與更新有如下規定：

1. ECDIS所用的海圖資訊必須是政府授權的海測局發行或授權發行，符合IHO標準的最新版。

2. SENC(系統電子海圖)的內容對於其預期航程而言必須是充分且最新的，以符合SOLAS公約的要求。

3. ENC的內容必須無法被更改。

4. 更新資訊與ENC必須分別儲存。

5. ECDIS必須能接受符合IHO標準的官方ENC更新資訊。這些更新資訊應該自動套用於SENC。無論以何種方法接收更新資訊，該程序不得干擾使用中的顯示螢幕。

6. ECDIS也必須能接受以人工輸入的ENC更新資訊，並在接受該資料前以簡單的方法確認。在ECDIS螢幕上，人工輸入的更新資訊應該能和ENC及其官方更新資訊明顯區別，並且不能影響顯示畫面的可讀性。

7. ECDIS應該保存海圖更新的記錄，包括套用到SENC的時間。

8. ECDIS應該能讓航海人員顯示海圖更新資訊，以便檢閱其內容並確定該更新資訊已納入SENC中。

電子海圖資訊更新的流程牽涉到：處理電子海圖更新資訊的「實體」、用以載送更新資訊的「媒體」、以及更新操作(如圖9-1)。

依照IHO S52的建議，處理更新資訊的「實體」包括：

1. 資訊來源提供者(Source Provider)-提供航行警告之主管機關或海測局。

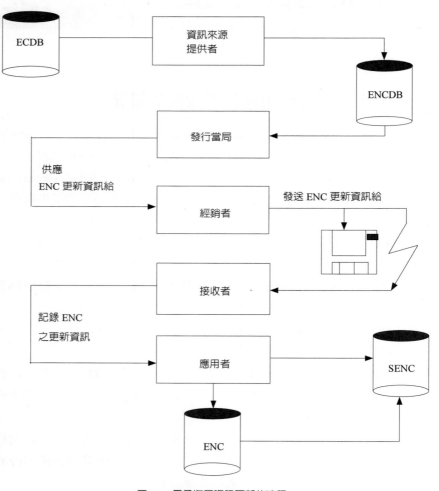

圖9-1　電子海圖資訊更新的流程

2. 發行當局(Issuing authority)──負責將各單位提供的更新資訊彙整製作成符合S57標準的電子海圖更新資料組，並且負責設置更新資料組的傳送發行架構。在IHO WEND(Worldwide Electronic Navigational Chart Database)原則下的發行當局是指「區域電子海圖協調中心(Regional ENC Coordination Center, RENC)」。例如：設於挪威的PRIMAR以及設於英國的IC-ENC。

3. 經銷者(Distributor)──負責包裝、再包裝、發送更新資料組給所有的使用者或使用群體。

4. 接收者(Receiver)──通常是船上的航海員，或是與ECDIS相連的通訊接收機。

5. 應用者(Applier)──控制更新資訊的應用，例如：把更新資訊輸入ECDIS的航海人員，或是ECDIS內部自動處理電子海圖更新資訊的軟體。系統電子海圖(SENC)則是最終被更新的ECDIS資料庫，也是ECDIS運作時實際上存取資料的資料庫。

「世界電子航海圖資料庫(WEND)」是IHO為了促進官方ENC資料的發行與使用而於1992年倡議建立的，最初的理想是建立一個全球共通的ENC資料網路，一個獨立的實體國際組織。目前的WEND則成為IHO的委員會之一，持續推動著WEND原則。WEND在概念上是一個透過區域電子海圖協調中心(RENC)整合、發行並更新各國官方ENC的系統，實際上則是會員國之間合作的一套原則。

多年來，RENC已經逐漸發展出兩種運作模式：一種稱為「電子航海圖協調中心(ENC Coordination Center, ECC)」，ECC有專職人員和中央化的實體設施代表參與合作的各個國家海測局，例如PRIMAR與IC-ENC；另一種則是虛擬區域電子海圖協調中心(Virtual RENC, VRENC)。VRENC沒有中央化的專職人員或組織，由區域內生產ENC的各國海測局協議ENC的製作標準、涵蓋範圍、發行原則等，提高區域內ENC的一致性。當然，也有些國家選擇不建立RENC也不參加RENC，自行遵循所有IHO規範的方式有效地生產並發行ENC，相當於自己當自己的RENC，不牽涉其他國家海測局。只不過這種獨立發行的方式，不僅發行成本難以降低，也造成使用者必須多方購買與更新ENC的麻煩，和其他國家ENC的一致性也通常會較差。

9.2 海圖更新資料的產製與發送

為了確保航行安全，不論是一般的紙海圖或電子海圖，都需要持續更新才能反映實際的狀況。目前在紙海圖上執行海圖改正或更新的依據主要是「航船布告(Notice to Mariners, NtM)」。緊急的航行安全資訊內容則應該在發布航船布告之前或同時以「無線電航行警告(Radio Navigational Warnings)」更及時地傳達給船舶。許多無線電航行警告的內容只是暫時性的，但有些航行警告的效期可達數週，最後可能被航船布告取代。

「無線電航行警告」可以分為「區域警告(NAVAREA Warnings)」、「沿海警告(Coastal Warnings)」和「地方警告(Local Warnings)」三種。前兩種是屬於IMO/IHO世界航行警告服務(World-Wide Navigational Warning Service, WWNWS)指導與協調的範圍，警告的主題包括重要助航設施故障以及其他可能需要船舶變更預定航路的資訊。例如：

主要航道的燈光、霧號或浮標故障。

航道附近有危險沉船，以及該沉船的標示方式。

新增或變更的助航設施可能造成誤導。

正在進行搜救或污染防制作業區。

新發現且有礙航安的礁岩、淺灘、沉船殘骸，及其標示方式。

既定航路的突然變更或停用。

漂流中的地雷或貨櫃、原木等物體。

鋪設海纜或海底管線、水下拖曳、使用水下載具等作業。

航道附近新設置的結構物。

無線電導航服務或廣播海事安全資訊的岸台或衛星服務故障。

軍事演習、飛彈試射。

海盜和武裝搶劫船舶事件。

WWNWS原本將全世界分成16個航區(NAVAREA)，如圖9-2。IMO已經在2007年通過新增5個新航區把WWNWS延伸至北極。

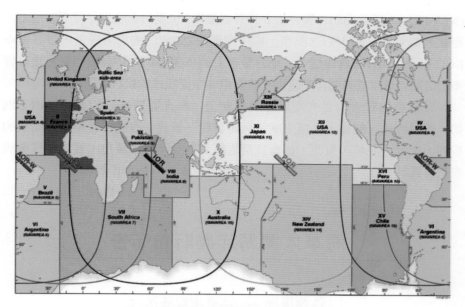

圖9-2　世界航行警告服務的NAVAREA航區分界

　　在1999年實施「全球海上遇險與安全系統(Global Maritime Distress and Safety System, GMDSS)」之後，NAVAREA區域警告主要是透過國際海事通訊衛星INMARSAT強化群呼(Enhanced Group Call, EGC)功能的SafetyNET傳送的，有些航區的EGC還包括沿岸警告。在程序上是由NAVAREA協調國蒐集航區內各國通報的資訊，編輯成航區航行警告，透過當地的衛星地面台(Coast Earth Station, CES)傳送給Inmarsat網路協調站(Network Coordination Station, NCS)，再由NCS上傳到各洋區的Inmarsat衛星，廣播給洋區內所有具有EGC接收功能的Inmarsat-C船舶地面台(Ship Earth Station, SES)，在正常狀況下會在接獲通報後30分鐘內就開始廣播。圖9-2是IHO官方網站(http://www.iho.shom.fr/)上的NAVAREA分界圖，臺灣位於NAVAREA 11，這一區的協調國是日本，在臺灣海域可以接收到印度洋和太平洋上方的IOR與POR這兩顆Inmarsat海事通訊衛星的EGC航行警告。除了EGC SafetyNet以外，也可以透過高頻(HF)的窄頻直接列印(Narrow Band Direct Printing, NBDP)電報提供區域航行警告。

　　「沿海警告」的主要廣播系統是518kHz中頻(MF)的航行警告電傳

(NAVTEX)，提供的航行警告主要是針對離岸250浬到主航道浮標或領港站的範圍。如果沒有NAVTEX服務，則所有離岸250浬內的沿海警告內容必須以EGC SafetyNET服務傳送。「地方警告」則多採用VHF特高頻語音，也有許多港口開始以岸基船舶自動識別系統提供文字簡訊式的航行警告。

發佈航船布告的目的是保障航行安全，舉凡影響航安的重要事項，例如：航路標識、航道、水域之狀況有新發現、新設、改變，各種航海圖表的新列，增修、註解、更改，都應該週告航海人員及航政單位，並且和其他國家交換資料。

刊物第三種 (16)

海軍大氣海洋局航船布告

第 16 號

外傘頂洲 - 塭港堆燈塔遷移

位 置		北緯 23°27'05.5"，東經 120°01'53.1"。(WGS-84) 北緯 23°27'11.8"，東經 120°01'23.9"。(GRS-67)
說 明		塭港堆燈塔已自原位置(GRS-67 北緯 23°27'21.0"，東經 120°00'42.0")遷移至附近之上述位置，新建燈塔完竣，自本(95)年 1 月 26 日起啟用，接替舊燈發光，有關資料如下： (1)燈質：白閃光 4 秒 1 閃(明 0.6 秒，暗 3.4 秒)。 (2)燈高：(高潮面至燈火中心)36.5 公尺。 (3)光程：13.1 浬。 (4)構造及高度：黑色方錐形鋼架塔設木條日標板，38.17 公尺。 航行船隻請加注意。
關係圖書		本局水道圖第 00041，00051，0013，0307，0312，0313，0328B，0336，04507 號。 軍字圖第 9346 號。 兩棲圖第 93007 號。 本局水道燈表第 35440 號。
根 據		基隆港務局 95 年 2 月 6 日基港船官字第 0950002306 號函。
備 註		本局為執行航船布告電子化作業，即將以網際網路電子郵件方式寄送航船布告，尚未提供電子信箱的單位，請儘速以郵遞或傳真方式提供本局(傳真號碼：07-9540149)，以利電子布告寄送。

圖9-3 中華民國海軍大氣海洋局95(16)號佈告

```
94080                    7 Ed. 9/23/95   LAST NM   1/06                                    15/06

          Delete        Light                                      23° 27.2' N    120° 01.2' E

          Add           Light Fl 4s 36m 13M Racon                  23° 27.1' N    120° 01.9' E

          (16/06 Tso-ying)
```

圖9-4　美國NGA刊發之塭港堆燈塔遷移航船布告

1663　　**CHINA SEA - T'ai-wan - West Coast - P'êng-hu Kang-tao - Hai-k'ou Po-ti to Pu-tai Po-ti, Wen-kan Tui -**
　　　　Depths. Lights. Radar beacon.
Light List Vol. F, 2005/06, 4658.4
ALRS Vol. 2, 2006/07: 80850 (11/06)
Source: Taiwanese Chart 04507

Chart 1760 [*previous update 1662/06*] UNDETERMINED DATUM

Insert
　　　　　　☆ Fl.4s36m13M Wen-kan Tui　　　　　　　　　　*(a)*　　23° 27´·20N., 120° 01´·40E.

　　　　　　depth 5_6 enclosed by 10m contour　　　　　　　　23° 32´·20N., 120° 00´·47E.

　　　　　　depth 7_2 enclosed by 10m contour　　　　*(b)*　　23° 30´·27N., 119° 59´·07E.

　　　　　　depth 3_3 enclosed by 5m contour, *Rep (2000)*　*(c)*　　23° 22´·44N., 120° 01´·33E.

Delete
　　　　　　☆ Fl.4s35m14M Wen-kan Tui and associated radar beacon,

　　　　　　Racon(K), close W of:　　　　　　　　　　　　　*(a)* above
　　　　　　depth *30*, close NW of:　　　　　　　　　　　　*(b)* above
　　　　　　depth 17_4 , close NW of:　　　　　　　　　　　*(c)* above

Chart 2409 [*previous update 5484/05*] UNDETERMINED DATUM

Insert
　　　　　　depth *17* and extend 20m contour to enclose　*(a)*　　23° 44´·81N., 120° 00´·78E.

　　　　　　depth 5_6 enclosed by 10m contour　　　　　　　　23° 32´·20N., 120° 00´·47E.

　　　　　　depth 7_2 enclosed by 10m contour　　　　　　　　23° 30´·27N., 119° 59´·07E.

　　　　　　depth 4_3 enclosed by 5m contour, *Rep (2000)*　　23° 22´·66N., 120° 01´·05E.

　　　　　　depth 3_3 enclosed by 5m contour, *Rep (2000)*　　23° 22´·44N., 120° 01´·33E.

　　　　　　☆ Fl.4s36m13M Wen-kan Tui　　　　　　　　　　*(b)*　　23° 27´·20N., 120° 01´·40E.

Delete
　　　　　　depth 19_5 , close NE of:　　　　　　　　　　　*(a)* above

　　　　　　☆ Fl.4s35m12M Wen-kan Tui and associated radar beacon,

　　　　　　Racon (K), close W of:　　　　　　　　　　　　*(b)* above

圖9-5　英國海測局刊發之塭港堆燈塔遷移航船布告

　　圖9-3到9-5是就外傘頂頂洲塭港堆燈塔遷移事件，分別由中華民國海軍大氣海洋局(原海測局)、美國國家地理空間情報署(National Geospatial-Intelligence Agency, NGA)和英國海測局(United Kingdom Hydrographic Office, UKHO)刊發的航船布告。這些航船布告都已經是電子檔案形式，都可以從網

際網路下載或透過電子郵件主動寄送服務收到。雖然英美的航船布告在格式上已提供相對較明確的海圖更新指令，例如：在哪個坐標位置新增(insert)與刪除(delete)什麼海圖符號與標註文字，但是要在紙海圖上依據航船布告等海事安全資訊，找到位置逐幅更新，不僅速度慢而且耗費人力。在ECDIS上，這樣的電子航船布告仍然只能以人工輸入的方式手動更新電子海圖，但是在找到位置、選取符號、輸入資料方面都比較方便迅速。

除了工作負荷以外，資訊的明確性也是個問題。從上述的幾則布告範例可以看出：原始佈告沒提到雷達標杆(racon)的部份是否一併遷移，美國的航船布告遷移燈與雷控標，英國的航船布告則在刪除燈與附屬的雷達標杆之後，在新位置只新增燈的部份。

ECDIS的電子海圖自動更新功能，必須使用符合IHO S57標準的「ER(電子海圖更新)」格式的電子海圖更新檔案。電子海圖更新檔案必須由原本製作該電子海圖的國家海測局根據航船布告資訊，編輯更新其電子航海圖以後，利用ENC製圖軟體取其差異而製作產生。電子海圖更新檔可透過各種方式傳送，由ECDIS讀取後可以自動執行檔案內的操作指令，增刪修改系統電子海圖。因為是自動化的操作，所以在檔案格式與更新順序方面有非常嚴謹的要求。依據IHO S57，ENC的每個物件在最初產生時都有個獨一無二的識別碼，所以更新檔案可以明確地應用到指定的物件上。

在概念上，ECDIS的系統電子海圖將能像海測局內電子航海圖的資料一樣保持在正確與最新的狀態。圖9-6說明電子海圖資訊更新的典型資訊流程。航行警告的內容如果牽涉到海圖的改正或是需要標示在海圖上，則是屬於非數位化或非格式化手動更新的範圍，必須由航海人員自行以ECDIS的手動更新功能或是航海人員註記物件輸入ECDIS，成為SENC的一部份。這裡所謂的格式化是指符合S57的ER格式。符合S57 ER格式的數位式格式化自動更新檔案則可以透過各種有線或無線通訊的方式取得檔案，包括從提供電子海圖服務的網站下載，透過主動發出的電子郵件接收到，甚至是從Inmarsat-C的EGC廣播接收到。另外，也有些更新檔案是以光碟或磁碟片的方式人工遞送的。

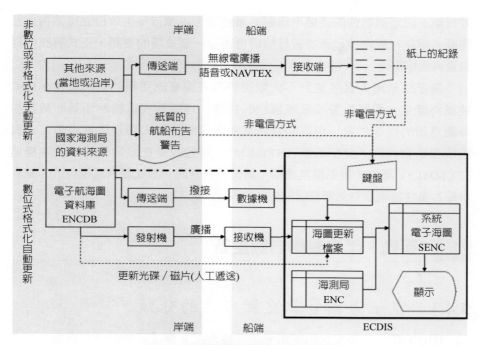

圖9-6　電子海圖資訊更新的典型資訊流程

9.3 海圖更新資料的時效管理

　　航船佈告有時必須預先發佈，例如：分道航行系統的變更必須在真正實施之前公告周知。然而在S57中的ER(電子海圖更新)資料組並未提供更新資訊的應用日期。因此使用者在收到ER資料組之後必須立刻應用此更新資訊。

　　為了避免更新資訊造成ECDIS顯示出尚未存在之資訊的狀況，IHO S57建議應以下述方式提供預先發佈的航船佈告資訊：

　　如果是新增物件到電子海圖(例如：新的雷達標杆)，就把該物件的「起始日期」這個屬性設定為新增該物件的實際生效日期如果是修改電子海圖中的現有物件(例如：分道航行系統的變更)，應視為刪除現有物件並以新物件取代。

　　如果是刪除電子海圖中的現有物件(例如：移除某一浮標)，則應該以「生

效日期」設定該物件的「結束日期」屬性值，以預告在生效日之後該物件已作廢。但是在該物件已確實被移除時應再發一個後續的更新，正式將該物件自資料組中刪除。

為了使航海人員注意到不久以後將有海圖資訊更新的狀況發生，IHO建議再產生一個屬於警戒區域類別的物件。這個警戒區物件涵蓋即將發生海圖更新的區域位置，而說明資訊更新內容或性質的警告注意事項可以直接放在該物件的「文字資訊(INFORM)」屬性或是在該物件的「文字描述(TXTDSC)」屬性中提供檔案連結，讓使用者查詢。而此警戒區物件的「結束日期」屬性值則設為更新資訊的生效日期。

9.4 手動、半自動與自動更新

9.4.1 電子海圖資訊更新方式的分類

IHO把電子海圖資料的更新分成「整合式」與「非整合式」兩類。「非整合式資訊更新」基本上是以人工手動執行的。國際規範要求ECDIS系統應提供以人工輸入非整合性更新資訊之方法，但適用的更新內容僅限於點物件以及簡單的線與面物件，例如分道航行制、限制區等，不包括等深線、海岸

表9-1　電子海圖資訊更新的方式

觀點	類別	說明
輸入方式	手動	經鍵盤鍵入之未格式化的修正資訊，例如：印製的航船布告、航行警告電傳NAVTEX、EGC的NAVAREA區域警告或沿海警告等
	全自動	經由INMARSAT-C EGC SafetyNET自動接收的格式化更新資訊
	半自動	3.5"磁片等可攜式儲存媒體或經由網路
資料庫的關連性	整合性	更改取代原有的SENC內容
	非整合性	暫時或初步的更新資訊，在時效上無法以自動更新達成者，例如：無線電航行警告中影響海圖資訊的部份，或港務局的地方性航船布告。只是增加資訊至SENC，未更改SENC中官方電子海圖的內容
集結性	循序更新	前一更新資料組之後新的修正資訊
	累積更新	最新版ENC之後，或是上一次輸入的官方更新資訊之後，所有循序更新資訊檔的集合
	編輯更新	使現行版ENC完全修正的更新資料，相當於重新刊行(re-issue)ENC

線等複雜的線與面。這是因為等深線與海岸線等資料牽涉到海陸交界以及各個水深區域範圍等空間位相關係的建立，很難控制與處理。

電子海圖資訊更新的方式可以從不同的觀點加以區分，如表9-1。

9.4.2　手動更新

適用於手動更新的電子海圖更新資訊，基本上是未格式化的修正資訊，例如：印製的航船布告以及航行警告電傳NAVTEX、EGC的NAVAREA區域警告或沿海警告中影響海圖資訊的部份，或是港務局的地方性航船布告。通常是暫時或初步的更新資訊，在時效上還不能以S57標準格式化檔案提供自動更新。

為了讓這些資訊更容易地套用到ECDIS的電子海圖上，在格式和內容上應能依下列幾點做些修正：

1. 以往航船布告等海事安全資訊經常以海圖上的某地標或圖徵為參考點，描述海圖更新資訊相對於該參考點的方位距離；而在電子海圖上做手動修正時直接提供坐標位置是比較容易而且不易出錯的方式。

2. 航船布告等海事安全資訊為考量在紙海圖上的海圖作業，通常採用紙海圖的坐標基準，然而依據國際標準的規定，電子海圖採用的坐標基準必須是WGS84。因此在提供更新資訊時必須註明坐標採用的基準，而且最好能同時提供兩種坐標基準(紙海圖與WGS84)的坐標值。

3. 對於預告的資訊應該特別註明生效日期及有效期限。

在海圖更新資訊的顯示方面：整合式的更新一旦被接受，和ENC資料之間將無法區別，採用相同的符號與顏色。手動更新的非整合式更新資訊在顯示的時候雖然也是用標準的海圖符號，但是在符號上會帶有特殊標識，而這個特殊標識使用的是代表航海人員資訊物件的橘色，以便明顯區分。圖9-7(a)是以浮標為例，新增點物件，再以障礙物為例，刪除點物件；(b)是修改點物件的位置，以浮標為例；(c)是刪除線物件，以分道航行的邊界線為例；(d)是新增面物件，以管線區為例。手動刪除物件以後，被刪除的物件仍然留在原處，只是劃上橘色斜線表示已被刪除。手動新增的面物件會在邊界沿線加繪橘色圓圈。而修改物件位置則相當於刪除原物件，並在修改後的位置新增物

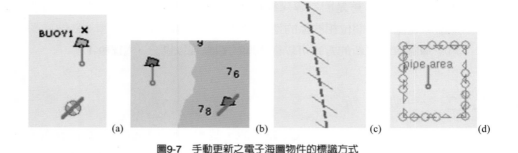

圖9-7　手動更新之電子海圖物件的標識方式

件。值得注意的是：新增點物件的位置仍是在浮標符號本身下緣的中心點。

　　手動更新的電子海圖資訊儲存在另一個和原電子海圖檔案互相關聯的檔案內，兩個檔案在ECDIS上會同步顯示。這些手動輸入的海圖改正和稍後收到的正式更新檔案之間會有許多重複的部份，而且又沒有辦法建立手動更新和自動更新檔案內物件資訊的對應關係，因此，對於重複的部份只能再手動刪除。手動更新的物件資訊一經刪除就會正式消失。一旦安裝新版的ENC，與舊版ENC關聯的所有手動更新資料也會被刪除。

9.4.3　自動更新

　　可以自動更新改正海圖是使用電子海圖的主要效益之一。

　　IHO S57的ENC產品規格文件定義了兩種應用產品方案(application profile)，分別是用來產生SENC的EN profile，和用來更新SENC的ER profile。使用者可以從檔案的副檔名看出該檔案是屬於EN的基本ENC圖檔，還是屬於ER的海圖更新檔。基本ENC的副檔名必定是.000，而該檔案後續的更新檔則依序以.001、.002、.003…為副檔名。無論是全新製作發行的新版ENC或是同一檔名的再版(new edition)ENC，其副檔名都是.000而且第一個更新檔案的副檔名都必須是.001。重刊(re-issue)的ENC雖然副檔名也是.000，但是已經集結了原版ENC與後續的所有更新檔案的內容，所以更新檔的序號(副檔名)不會因為重刊ENC而中斷。例如：如果重刊的ENC內容已經包含第31個更新檔(副檔名.031)，則以重刊的ENC產生的SENC應該從第32個更新檔(副檔名.032)開始套用更新。至於以原版本ENC產生的SENC，只要循序持續更新即

可，不受re-issue的影響。

　　為了讓海圖更新檔能依正確的順序更新SENC，除了副檔名以外，在檔案內還有「版次」、「更新號碼」、「最後更新日期」、「刊發日期」這些資料欄位。新版的版次是1，更新號碼是0；後續更新檔的版次不變，更新號碼逐次加1；重刊時版次不變，更新號碼設為已納入的最後一個更新檔的序號；每次再版(new-edition)則版次加1，更新號碼重設回0。「最後更新日期」只適用於.000檔，表示海圖檔案內容已經更新到該日期。

　　海圖更新檔必須完全依照順序安裝到ECDIS才能正確更新SENC，缺了其中一個檔，則後續更高序號的更新檔都會被ECDIS拒絕。使用者並不能拒絕更新檔裡面的任何一個新增刪除或修改的動作，卻可以調閱檢視每一筆改正內容。「檢查」、「套用」、「檢視」的自動更新程序如圖9-8、9-9，圖9-8(a)是套用自動更新前的海圖，系統檢查得知有6個更新檔，圖9-8(b)是逐步套用5個更新檔以後的海圖，圖9-9則是套用所有6個自動更新檔案後，調閱檢

圖9-8　檢查並循序套用電子海圖自動更新

圖9-9　調閱自動更新的電子海圖物件

視更新內容的畫面。

　　海圖更新檔是直接對應ENC內的物件識別碼而動作的，用來刪除某ENC內沉船物件的海圖更新檔，並不會使同區域不同比例尺ENC內的同一沉船自動被刪除。每個ENC檔案各以獨立的更新檔案序列維護。

9.5　如何取得海圖更新檔

　　使用ENC的ECDIS必須以定期的自動更新服務搭配暫時性的手動更新才能使SENC保持於正確且最新的狀態，滿足SOLAS對於船舶攜帶海圖的要求。為此，已經有愈來愈多的電子海圖更新服務可用，例如：日本、新加坡、美國、加拿大、東亞海測委員會、PRIMAR、IC-ENC、ChartWorld等，有的已經可以主動通知使用者，透過網際網路下載海圖更新檔。

　　IHO為了電子航海圖的更新問題而編製的指導文件(IHO S52 Appendix 1, Guidance on Updating the Electronic Navigational Chart, 3rd edition, 1996)探討了多種發送程序。遞送電子海圖更新資訊到海上船舶的概念如圖9-10，其中遞送自動更新檔案的方式主要是透過Inmarsat-C強化群呼(EGC)的SafetyNET廣播，因為大部分的SOLAS船舶都已在GMDSS的要求下而安裝了Inmarsat-C。

　　電子海圖自動更新和NAVAREA航行警告都是Inmarsat EGC SafetyNET的海事安全資訊廣播服務範圍，但是兩者的服務代碼不一樣，EGC接收設備可

以依據服務代碼設定不同的處理方式。例如：接收到屬於海圖自動更新檔案的EGC，則自動儲存到ECDIS系統的海圖更新檔案夾，由ECDIS檢查檔案夾裡面的新檔案，自動套用更新。

　　海圖更新資訊的產製發送與套用看似簡單，實務上卻還是有些問題待解決。例如：研究評估發現每幅ENC每週的更新資料檔可達數百kB，而Inmarsat-C的傳輸數率卻只有600bps，即使採用壓縮技術也難以有效傳送更新檔案。

　　隨著船上衛星通訊設備的進步以及海圖自動更新需求的增加，目前已經有一些航海刊物維護服務出現，可透過Inmarsat-B HSD (High-Speed Data)或Fleet 55/77等衛星通訊服務，以電子郵件附件的形式遞送電子海圖的自動更新檔案，再由安裝在船上的軟體定期自動取出電子郵件中屬於海圖更新檔案的部份，供使用者套用至ECDIS的SENC。如果檔案過大超出郵件限制也可以自動分割傳送後再重組。

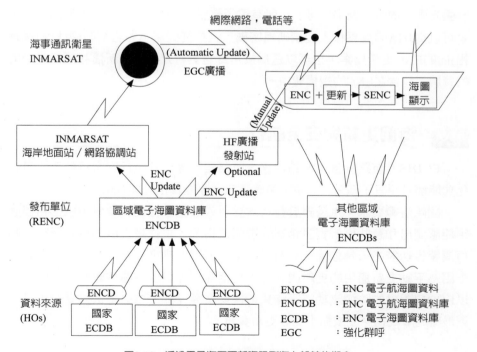

圖9-10　遞送電子海圖更新資訊到海上船舶的概念

除了通訊傳送的問題之外，收費與資料保護也是電子海圖自動更新程序必須處理的問題。以日本的電子海圖服務為例：

日本海上保安廳的電子海圖主要由日本海測協會(Japan Hydrographic Association, JHA)銷售。原本ENC售出後，買賣雙方即很難保持聯繫，以致無法確保重要的電子航船佈告(Electronic Notice to Mariner)送達使用者，可能因而造成航安問題。而且，國際間已經常用「授權(licensing)」的方式，以圖幅(基本ENC圖檔)為單位供應加密的ENC。因此，隨著IHO S63電子海圖資料保護系統的實施，為了在國際間發行ENC，海上保安廳於2005年4月1日起引進新的電子海圖供應方式，以圖幅為單位販售使用授權。要取得ENC的使用授權必須先向JHA提出申請，ENC使用授權的有效期限一年，期滿必須再填申請書，以便JHA能保有正確的使用者資料。JHA將發給申請使用者一組授權碼與密碼。使用者從ENC海圖目錄中選取需要的圖幅，下訂單後再由JHA以光碟與電子郵件附加檔案方式發給「圖幅許可」用以解密圖檔，一旦發給「圖幅許可」即視同完成訂購而必須付費。ENC使用者將收到ENC光碟，以及另一張光碟，內含「圖幅許可」和所有電子航船佈告(也就是ENC更新檔)。使用者可以從JHA的網頁輸入授權碼與密碼，直接從網路下載合約範圍(日期與圖幅)內的ENC更新檔案，也可以選擇按月寄送更新光碟。更新檔甚至再版ENC的費用都包含在ENC的授權費中。

9.6 海圖更新與安全航行

ECDIS的航路計畫、航路檢核、航路監視等提升航行安全與效率的自動化功能都必須有正確最新的電子海圖資訊，才能真正發揮效用。

國際規範要求：無論對於整合式更新或非整合性更新資訊，ECDIS都必須能感測出和這些更新資訊相關的警報或指示，也就是說ECDIS的所有自動偵測警告功能必須是依據已更新後的電子海圖資訊來進行分析判斷。但實際上因為手動更新適用的更新內容並不包括等深線與水深區域範圍等資訊，所以ECDIS提供的防擱淺功能不能只依據安全等深線，還必須依據安全水深值與最新的障礙物深度或點水深等更新資訊。

第 10 章

ECDIS與其他系統的整合

10.1 雷達影像與目標資訊

　　電子海圖顯示與資訊系統(Electronic Chart Display and Information System, ECDIS)是一即時的整合航海系統。其概念是：除了最新且正確的電子海圖資訊之外，應提供各種航儀資訊的整合，包括GPS/DGPS定位系統提供的船位、電羅經提供的船艏向、以及雷達／自動雷達測繪裝置(Automatic Radar Plotting Aid, ARPA)所提供船舶周圍的動態目標或影像資訊，使各航儀間不再只是各自獨立運作。再利用即時操作型的地理資訊系統(GIS)或空間資訊技術，進行本船航行狀況、靜態水域環境、與動態之周圍環境資訊的綜合分析，提供危險預警並支援決策。就航行安全方面而言，定位系統結合電子海圖提供的海域資訊可以發展出防擱淺的功能模式，再結合雷達／ARPA資訊，則可以發展出防止碰撞，以及攔截或馳援等相對運動的決策支援模式。

　　船舶雷達如果有ARPA雷達目標自動測繪功能，ECDIS可以從ARPA雷達的輸出介面取得追蹤中的雷達目標訊息，訊息內容有目標編號、相對於本船的方位距離、航向航速、CPA/TCPA等。ECDIS可以依據這些資訊產生動態的雷達目標船舶物件，用IHO S52指定的ARPA目標符號(綠色)顯示，同樣提供物件資訊查詢功能。雷達目標船舶物件可以依據航向航速產生運動向量，甚至依據CPA/TCPA產生碰撞危險警報，提醒航海人員注意。

　　如果能套疊雷達影像，則除了可以藉著電子海圖的輔助來辨別判讀雷達回跡以外，也可以藉由海岸或海面上固定特徵物的雷達回跡和電子海圖的吻

合程度來檢核確認本船的定位準確度。目前已經有許多電子海圖系統可以提供雷達影像套疊功能，例如圖10-1的系統畫面(http://www.icanmarine.com/RadarOverlayModule.htm)。通常系統會有抑制雨雪雜斑(rain clutter)與海浪雜斑(sea clutter)的控制功能，還可以調整雷達回跡增益與影像透明度等。

　　圖10-2是海洋大學電子海圖研究中心於「戰術電子海圖與數值雷達整合之研究」的部分成果畫面。GPS天線和雷達(FURUNO的小型船用雷達)都設在海洋大學延平技術大樓樓頂，透過雷達介面卡取得原始雷達影像訊號，即時處理後套疊基隆港電子海圖顯示在電子海圖系統上。在半透明雷達影像下可以看到基隆嶼，另有三個明顯的雷達目標，其中兩個目標已被擷取並計算出航向航速，且持續追蹤中。圖10-3則是船舶實際在海上航行時，雷達影像在雷達螢幕上顯示(左圖)，並同時傳送給電子海圖系統套疊在向量式電子海圖上顯示的畫面(右圖)，照片係由海洋大學商船系畢業校友拍攝提供。

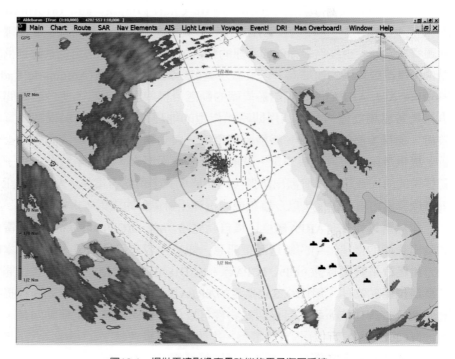

圖10-1　提供雷達影像套疊功能的電子海圖系統

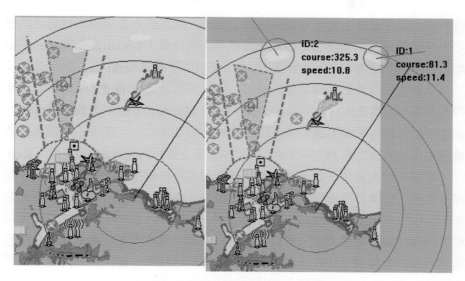

圖10-2　電子海圖與雷達影像套疊並擷取追蹤目標

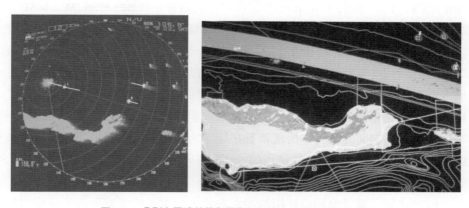

圖10-3　分別在雷達螢幕和電子海圖系統上顯示的雷達影像

　　要整合雷達影像與電子海圖於ECDIS，必須能取得具有距離範圍與方位資訊的數位化雷達影像。透過雷達介面模組接取雷達的視訊(video)、觸發(trigger)與方位(azimuth)三種訊號。視訊提供回跡強度，觸發訊號提供雷達脈波的重複頻率，方位訊號則提供雷達天線掃描時相對於船艦的方位。數位化的雷達視訊和方位資訊，經過數位訊號處理模組處理成雷達影像後，再送交繪圖模組提供ECDIS顯示。有些新式的數位化雷達已經把雷達掃描的回跡

轉換成可以在電腦上處理與顯示的數位形式,使雷達影像與ECDIS更容易整合。可惜雷達與ECDIS之間仍然缺乏標準化的介面,整合雷達影像時仍然可能因雷達廠牌型號不同而必須調整介面、接線與參數設定等。

以套疊的雷達影像檢核確認船位,可以減低目前ECDIS使用RNC時因坐標基準不同而導致的危險。因此2006年IMO MSC修訂ECDIS設備規範時曾有提案要把「雷達影像套疊」列為ECDIS的必備功能之一,最後正是因為雷達與ECDIS之間缺乏標準化的介面,在型式認證上會有問題而作罷。

雷達脈波的寬度、水平波束寬、訊號數位化的精細度、使用者選擇的距離尺度等,都會影響雷達準確性與鑑別能力。雷達偵測距離會受限於雷達功率、雷達地平(radar horizon)、雨雪水氣等。小目標、玻璃纖維或木造船等可能會因為材質對雷達波的反射性較差、反射截面積太小、被地形或其他目標遮蔽等而沒被偵測出來或是消失在訊號處理的過程中。從反射回跡處理出來的雷達影像,比較能正確顯示的是目標的前緣而不是中央或後緣,這個狀況在使用FTC(Fast Time Constant)抑制雨雪雜斑時特別明顯。依據IMO MSC於2004年底通過的最新船用雷達設備標準,雷達測距的準確度要求是距離標度(range scale)的1%,距離標度小於1.5浬時準確度至少要有30公尺,方位誤差則應小於1°。雷達影像是以本船雷達天線為原始中心點的相對影像,必須透過本船船位和艏向,以及定位天線與雷達天線的相對位置等資訊的調整,才能與電子海圖套疊顯示。所以這些因素都可能導致海圖上固定目標的雷達回跡和圖載位置之間的偏差。提高套疊正確性的方法主要是使用準確的定位系統,例如:在中長距離標度時使用GPS已足夠,在近距離或是用大比例尺顯示的時候,應該用DGPS比較適合。

ECDIS顯示電子海圖時採用的投影方式,也會造成海圖上固定目標的雷達回跡和圖載位置之間的偏差。這種情形類似於同時顯示網格式電子海圖與向量電子海圖的況狀,投影方式必須遷就網格式電子海圖。從雷達影像中心點輻射向外的弳向直線相當於大圈,距離相當於大圈距離,所以雷達影像的投影相當於以雷達天線位置為中心點的斜向天頂等距離投影(Oblique Zenithal Equidistant Projection)。只不過在12浬的距離標度內使用麥氏投影還不至於有明顯偏差。此外,雷達影像顯示在ECDIS螢幕上的時候,雷達影像必須隨著海圖顯示比例尺而縮小或放大顯示,在以真實運動模式顯示的時候,雷達影

追蹤中的目標　　　　擷取中的目標　　　　消失的目標　　　　被選定的目標

圖10-4　各種狀態下雷達目標的符號化

像也必須隨著本船符號同步旋轉。

　　雷達目標在ECDIS上顯示的方式如圖10-4：追蹤中的ARPA雷達目標以帶有航向航速向量(虛線)的圓形(實線)符號表示。危險目標改用紅色並持續閃爍直到被確認為止。

　　雷達和ECDIS在顯示上還有一個起因於航向航速的根本差異必須注意。ECDIS是用對地的航向航速(COG/SOG)來顯示本船相對於海圖圖徵的運動向量的，在ECDIS上顯示雷達目標(他船)的運動向量時也是採用對地的航向航速。但是雷達系統為了避碰操船的決策判斷，一向是以採用相對於流動水體的對水航向航速為主。採用本船的對水航向航速時，雷達螢幕上的目標向量可以顯示出該船和本船艉向的差異，呈現兩船的相對態勢，而固定不動的目標(例如浮標)則會有運動向量，在雷達影像上呈現移動的狀況，如圖10-5所示。採用對地穩定的雷達影像才適合套疊在ECDIS電子海圖上顯示。

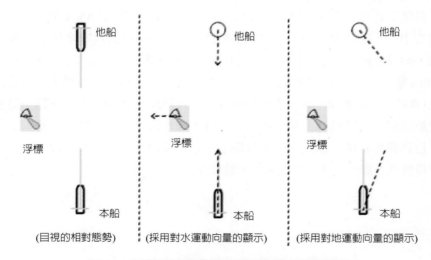

(目視的相對態勢)　　　(採用對水運動向量的顯示)　　　(採用對地運動向量的顯示)

圖10-5　本船與雷達目標以對水與對地運動向量顯示的差異

表10-1　整合電子海圖與雷達資訊的效益

效益	說明
避免碰撞	海圖記載了已知的固定危險，ECDIS可以顯示出船舶與這些礙航危險物的相對關係，而雷達則可以提供圖上未記載的危險，例如其他船舶。
雷達影像的確認與判讀	在獨立運作的雷達中不容易偵測雷達影像在比例尺或旋轉角度上的誤差。如果把雷達影像套疊在海圖上，其誤差將明顯易見。也可以藉由海圖辨別雷達回跡的來源。
船位的檢核與確認	雷達影像和電子海圖是否吻合，可以用來檢核電子定位系統，吻合的程度也可以做為定位可信度的參考指標。
浮標位置的檢核	有時浮標的真實位置會偏離圖載位置。
遠距顯示	使雷達影像與ECDIS都可以在船舶駕駛台以外(例如船長的船艙)遠距顯示。

　　整體而言，在正確的設計、安裝設定與使用下，整合電子海圖與雷達資訊(雷達影像、雷達目標)至少可以提供如表10-1所列的效益。

10.2　自動操舵系統

　　ECDIS最基本的功用是可以把本船的真正位置自動而即時地顯示在海圖上。因此，當值的航海人員很容易檢查本船的符號是不是在預定的航路上。但是，結合GPS、ECDIS和自動航跡控制系統的「自動航跡維持(Automatic track-keeping)」模式，卻有潛在的風險，可能導致嚴重的問題。

　　自動航跡控制系統的目的是導引船舶依循預定的航路從A點到B點。在這個過程中，不斷由電子定位系統測出船位，並傳送給航跡控制系統。以圖53為例，假設正確的船位原在預定的航路上，GPS測得的船位卻是在A點的正南方100m處，航跡控制系統控制船舶的方式會是試圖讓GPS船位(而不是真正的船位)遵循預定的航路。以至於船舶被導引往北移100m而偏離預定航路，沿著預定航路的平行線航行，甚至可能因此進入淺水區域而導致擱淺。基本上，在「自動航跡維持」模式下，不管電子定位系統的誤差有多大，ECDIS上的本船符號都會顯示在預定的航路上，造成安全的假象。

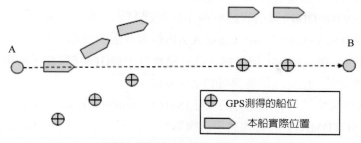

圖10-6　自動航跡控制系統因定位系統偏差而偏離航路

10.3　船舶自動識別系統(AIS)

依據國際海事組織(International Maritime Organization, 簡稱IMO)於1998年由IMO海事安全委員會(MSC)通過的IMO resolution MSC.74(69)：「通用型船載自動識別系統(Universal Shipborne Automatic Identification System, AIS)性能標準」，AIS的主要功能需求有三：

1. 透過船與船之間的資料交換，成為船舶之間避碰的工具。
2. 透過船對岸的船舶報告，供沿海國取得船舶及其貨載資訊。
3. 透過船與岸之間的資料交換，成為船舶交通管理與服務的工具。

AIS滿足這些需求最基本的技術特點則是：可以自動自發、連續地以適當的更新率，把本船的位置、動態與識別等相關資料廣播給無線電通訊範圍內所有已安裝AIS接收機的船船以及岸基AIS設施，達到船岸與船舶間自動資料交換，自動識別追蹤船舶等需求。

SOLAS已經把AIS列為強制船舶安裝的設備，國際航線所有客船、液貨輪、300總噸以上貨輪在2004年底以前應該都已安裝完成，非國際航線的所有客船與500總噸以上貨輪則應該在2008年7月1日前完成安裝。

AIS使用的是特高頻(VHF)海事無線電頻段中的兩個頻道，每艘船(每台AIS)的船舶識別與船位動態這些報告是輪流在這兩個頻道上廣播的，在某一頻道廣播的同時，在另一頻道接收其他船舶或岸台的AIS訊息。161.975MHz(CH87B)和162.025MHz(CH88B)是國際通用的AIS1與AIS2頻道，但是因為仍有少數國家還沒辦法指配給AIS使用(已另有他用)，所以AIS設備

還得再用特高頻數位選擇呼叫(Digital Selective Calling, DSC)接收機接收DSC海岸台在VHF CH70傳送的區域頻率指配訊息，切換成該區域使用的AIS頻道。所以SOLAS船舶安裝的Class A AIS船載台至少有兩個AIS接收機，一個AIS發射機，和一個DSC接收機。此外還會有一個GPS接收機，用來提供通訊上的時間同步，也可以做為備援的定位系統。

　　AIS是採用「自我組織分時多工(Self-Organized Time-Division Multiple Access, SOTDMA)」的方式共用無線電頻道的，相當於把AIS1與AIS2這兩個頻道都切割成一個個時槽(time slot)，每個頻道每分鐘分成2250個時槽，再設計一些演算法讓通訊範圍內的所有AIS，在沒有基地台主控分配時槽的情況下，還能自行安排適當的廣播順序。每一筆船位動態報告只佔用一個時槽，AIS可以在傳送的同時預約下次傳送的時間或是接下來一段時間內的傳送間隔。萬一通訊範圍內的AIS船舶過多，造成頻道擁塞時，AIS還可以佔用距離較遠的船舶預約的時槽，相當於以本船為中心縮小通訊範圍，優先與鄰近的AIS交換資料，以策安全。AIS船位動態報告的時間間隔如表10-2，船速快或是在轉向時都會縮短報告間隔。靜態基本資料和航程相關資料則是每6分鐘廣播一次，或者是在其他AIS發出詢問時立即自動回覆。

　　相較於雷達，AIS訊號較不受地形遮蔽和雨雪等降水狀況影響，可以提供彼此船名、無線電呼號(Radio Call Sign)以及水上移動業務無線電識別碼(Maritime Mobile Service Identity, MMSI)，有利於迅速建立語音聯繫，而且在短短數秒內讓彼此知道對方的轉向情形，在妥善運用下應該能發揮相當大的避碰功能。但是因為並不是所有船舶都有安裝AIS，而且如果沒有妥善

表10-2　AIS船位動態資料的更新率

船舶動態狀況	報告間隔
錨泊或停泊中，移動速度不超過3節	3分鐘
錨泊或停泊中，移動速度超過3節	10秒
航速0-14節	10秒
航速0-14節且轉向中	3 1/3秒
航速14-23節	6秒
航速14-23節且轉向中	2秒
航速>23節	2秒
航速>23節且轉向中	2秒

安裝、設定與操作，從AIS收到的訊息不一定能反映真實情況，所以還是得靠人為判斷搭配其他航儀與相關資訊審慎運用。

　　AIS船載台發送的各類資料內容、來源和更新時機如表10-3。

　　所以，如果ECDIS介接AIS接收機，就可以取得附近船舶發送的AIS訊息，顯示在ECDIS的海圖顯示螢幕上。IMO在2004年12月對於AIS目標符號的建議(詳見SN/Circ.243)如表10-4：

表10-3　AIS船載台傳送的資料內容、來源與更新時機

資訊類別與項目	說明
一、基本或靜態資訊	
水上移動業務識別碼(MMSI)	安裝AIS時輸入的水上移動業務識別碼，每一個AIS訊息都用MMSI當作發送端和指定接收端的識別碼。屬於廣播的訊息不指定接收端。
無線電呼號	安裝AIS時輸入的Call Sign。
船名	安裝AIS時輸入的英文船名。
IMO號碼	安裝AIS時輸入的IMO船舶識別號碼。
船舶的長寬	安裝AIS時設定；輸入的其實是定位天線相對於船舶艏艉與兩側的距離，再以此算出船舶的長寬；對於雙向型船舶或是有多個天線的船舶，可能必須隨時配合更改輸入值。
船舶種類	從AIS預設的清單中選取。
二、動態資訊：	
船位準確度標示	從AIS連接的定位裝置取得最新資訊並自動更新；用以標示該船位誤差是否小於10m，基本上是指該船位是否使用準確度較高的差分式全球導航衛星系統(DGNSS)。
船位時戳(UTC)	從AIS連接的定位裝置取得並自動更新。
對地航向(COG)	從AIS連接的定位裝置(如果該裝置可提供COG)取得最新資訊並自動更新。
對地航速(SOG)	從AIS連接的定位裝置(如果該裝置可提供SOG)取得最新資訊。
艏向	從AIS連接的艏向感測裝置取得並自動更新。
航行狀態	由航行當值人員輸入並適時變更。
轉向速率(ROT)	從AIS連接的ROT感測裝置或電羅經取得最新資訊並自動更新。註：有可能無法取得此資訊。
三、航程相關資訊：	
船舶吃水	啟航時人工輸入最大吃水，並於必要時修正。
危險貨物種類	在啟航時人工輸入是否裝載危險貨物。
目的地與預計抵達時間	於航程開始時以人工輸入，並適時更新。
四、安全相關的簡訊	
由人工輸入的簡訊，可以指定傳送給單一船舶(以MMSI識別)，或是廣播給所有通訊範圍內的船舶與岸台；單筆簡訊最長可達158個字元，但是愈短愈容易傳送成功。	

表10-4　IMO建議的AIS目標符號

代表意義	符號	說明
休眠中的目標		符號應指向艏向，如果沒有艏向資訊則用COG；三角形一半高度的中心點是AIS報告船位。
啓動的目標		以虛線標示COG/SOG船舶運動向量，實線標示艏向，如果在轉向中則在艏向線以固定長度的短線標示轉向方向，也可以使用路徑預測提供曲線向量。 對於CPA/TCPA已違反預設限制的危險目標，則以紅色粗實線且帶有航向航速向量線的三角形符號，閃爍顯示直到被使用者確認為止。
真實尺度船舶輪廓		用於以大比例尺顯示時。
選定目標		表示該目標被選定，可以在資料視窗中顯示該目標傳送的AIS資料，以及依據這些資料計算出來的CPA/TCPA。
消失的目標		該目標的AIS訊號已消失一段時間，依據最後收到的訊息顯示，並閃爍直到被確認。
目標的歷史航跡		依據相等的時間間距，以圓點顯示。
AIS航標		以菱形加十字的符號和航標本身的海圖符號一起顯示。用於裝有AIS的航標，甚至是以AIS產生的虛擬航標。
AIS基地台		設置於岸上固定位置的AIS基地台。

　　在ECDIS上顯示的AIS目標資訊是從裝有AIS的船舶發送出來的，資料品質得看該船AIS的安裝設定和該AIS介接的航儀感測資料，以及航海人員是否適時更新航程相關資料與船舶航行狀態而定。

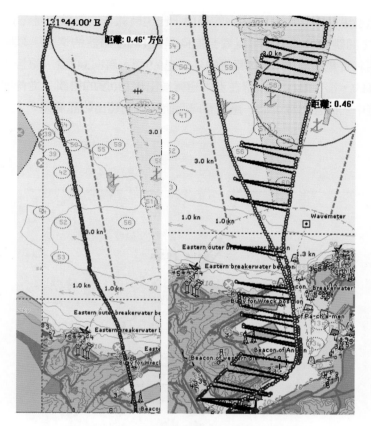

圖10-7　坐標系統導致AIS船位報告錯誤或跳動的情形

　　AIS船位報告訊息裡面雖然帶有「船位準確度標示」，卻只是標示該船AIS送出的是DGNSS(DGPS或DGLONASS)船位還是沒有經過差分修正的GNSS(GPS或GLONASS)船位。雖然AIS設備標準要求報告的船位必須採用WGS84坐標基準，從實際觀測的結果卻可以發現仍有部份船舶送出不同坐標系統的船位，甚至有AIS船位在不同坐標系統之間切換跳動的情形，很可能是定位系統配合非WGS84海圖所致。例如圖10-7是把在基隆港附近的海洋大學AIS岸台接收到的船舶動態報告，顯示在WGS84坐標的電子海圖上。左圖中的船舶進港航跡顯示該船原本發送的AIS船位是WGS84的船位，卻很可能因為在進港前換用海圖而突然造成將近850公尺的誤差，剛好約等於TWD67海圖坐標基準與WGS84之間的差距，造成穿越陸地上了岸的假象；右圖中的

另一艘船進港時報告的是WGS84的船位，出港時報告的船位卻是在WGS84和TWD67之間跳動。偶爾也可以看到艏向呈現180度錯誤的情形，以圖10-8為例，該船其實是在出港，AIS報告的是船速9.9節，航向342度，報告的艏向原本是正確的，卻在離開碼頭時在港內迴轉後出現180度的錯誤，從符號看起來像是進港中，而且出港後仍一路倒著向西航行直到超出收訊範圍。

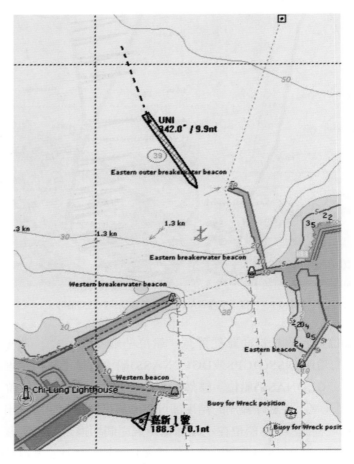

圖10-8　AIS報告錯誤的艏向造成倒著航行的假象

第 **11** 章

ECDIS的自動偵測與警告功能

 ECDIS的警告類別

　　在ECDIS的專有名詞中(詳見IHO S32海道測量辭典的附錄一，ECDIS相關術語)，「警告(warning)」可依程度分為「警報」和「指示」兩種。「警報(alarm)」是指用聲音或是聲音與視覺顯示並用的方式發出警告，提醒使用者有必須注意的狀況發生的警報或警報系統。「指示(indication)或指示器(indicator)」則是就系統或設備的狀況，以視覺指示的方式提供資訊。

　　根據2006年IMO MSC最新通過的ECDIS設備標準附錄5，ECDIS必須提供的警報與指示項目如表11-1：

　　ECDIS的各種警報或指示項目可以分成三大群組，分別是：

　　1. 航行相關的警告—可能發生在航路規劃階段或航路監視階段。

　　2. 感測器相關的警告—主要針對感測器故障或失效。

　　3. 資料及海圖相關的警告—大地坐標系統改變或超出比例尺。

表11-1　ECDIS應偵測並提供警報與指示的項目

階段或性質	警告方式	資訊(原因或意義)	
航路監視	警報	(即將)穿越安全等深線	
航路監視	警報或指示	特殊狀況區	
航路監視	警報	偏離航路	
航路監視	警報	定位系統失效	
航路監視	警報	接近關鍵點	
航路監視	警報	地理坐標基準不同	
系統測試	警報或指示	ECDIS系統故障	
SENC的顯示	指示	顯示的安全等深線並非自行設定的值	
比例尺	指示	ENC被過度放大顯示	
比例尺	指示	本船所在位置還有更大比例尺的ENC	
其他航行資訊	指示	參考系統不同(雷達，AIS，或其他)	
顯示鄰近區域	指示	沒有ENC可用	
資訊顯示需求	指示	客製化的顯示(有些資訊類別被移除)	
航路規劃	指示	航路計畫穿越安全等深線	
航路規劃	指示	航路計畫穿越特定區域	
航路規劃	指示	在航路監視模式下穿越危險物	
系統測試	指示	系統主要功能模組測試失敗	

11.2　各階段航行或感測器相關的警告

11.2.1　航路規劃階段的航行相關指示

航海人員規劃航路後，執行航路檢核時，ECDIS會依據當時設定的「本船安全等深線」值，取出航路沿線最大比例尺的ENC，從這些ENC取出深度值等於「本船安全等深線」值的等深線(如果沒有，則用更深的等深線)，檢查該航路是否跨越這些安全等深線。如果有跨越的情形，則ECDIS必須提出「指示」。

除了「本船安全等深線」值以外，航海人員還應該設定航路兩側的檢測距離，執行航路檢核時ECDIS會偵測出範圍內的航標或孤立危險物等點物件，以及ECDIS設備標準明訂的特殊狀況區(如表11-2)，並提供「指示」。

表11-2　ECDIS應偵測並提供警報或指示的特殊區域

特殊狀況區
分道航行帶(Traffic separation zone)
近岸通行帶(Inshore traffic zone)
限制區(Restricted area)
注意區(caution area)
外海生產區(Offshore production area)
避航區(Areas to be avoided)
使用者自訂的避航區(User defined areas to be avoided)
軍事演習區(Military practice area)
水上飛機降落區(Seaplane landing area)
潛艇通道(submarine transit area)
錨區(anchorage area)
海洋牧場/水產養殖區(Marine farm/aquaculture)
特別敏感的海域(PSSA, Particularly Sensitive Sea Area)

11.2.2　航路監視階段的航行相關警報

在航路監視階段，ECDIS會依據航海人員設定的接近時間、接近距離、橫向偏航距離等限制，自動偵測出本船即將穿越安全等深線、超出偏航限制、即將穿越禁制區或是特殊區域(如表11-2所列)、過度接近水深不足的危險物(障礙物、沉船、礁岩)或航標、即將接近航路上的關鍵點等狀況，並提供「警報」或「指示」。

11.2.3　感測器的警報與指示

ECDIS應該隨時偵測定位、艏向、或速度這些感測資料的持續輸入，一旦不再有資料輸入則發出「警報」。提供這些資料的感測裝置本身通常也會有自我偵測與警告的功能，對於這些感測裝置發出的警報或指示，ECDIS應該以「指示」的方式重複這些訊息。

船載GPS接收機與GLONASS接收機的設備標準都要求：在1秒以上無法解算出新的定位值，或是定位精度太差(HDOP超過設定值)時，必須在5秒內提供「指示」，但是在這些狀況下仍然繼續輸出最後已知位置以及最後有

效定位的時間，直到恢復正常運作為止；失去定位時則發出「警告」。這些「指示」與「警告」訊息必須能在ECDIS上顯示，否則在ECDIS上顯示的船位可能只是持續輸入的最後已知位置或是因為部分衛星被遮蔽而定位誤差超大，航海人員卻沒能察覺。

此外，ECDIS必須能偵測定位系統和SENC是否採用相同的大地坐標基準，如果不相同則必須發出「警報」。這部份通常必須靠定位系統主動告訴ECDIS目前提供的定位坐標是用哪一種大地坐標基準，所以在整合時應該注意定位系統的輸出設定是否有包含這個訊息。例如：標準的船用GLONASS接收機輸出的是PZ-90的定位坐標，則必須輸出另一「基準」訊息，說明目前用的是PZ-90並提供從PZ-90轉換成WGS84的經緯度差。

11.3 資料與海圖相關的警告

ECDIS為了提醒航海人員使用適當航行用途(比例尺範圍)的電子航海圖，並且避免過度放大顯示造成對海圖準確度的不當預期，所以特別設計了相關的警告，在海圖顯示上以特殊符號圖案做為狀況的「指示」，以圖為例說明如下：

圖11-1的左圖顯示比例尺是1:16000右圖是放大到1:4000時觸發overscale指示的情形，以灰色點狀直線圖案指示該區已經被過度放大顯示。圖11-2的深紅(紅紫)色框線，是ECDIS用來指示：「系統電子海圖資料庫中有更大比例尺的電子海圖涵蓋該區域」的符號。

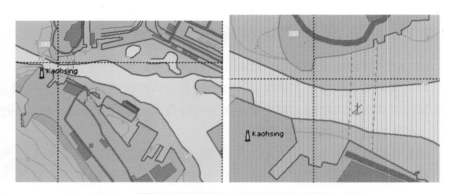

圖11-1　提醒使用者已過度放大顯示的「超出比例尺」圖案

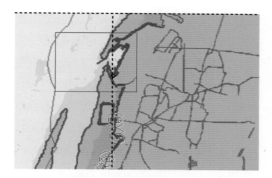

圖11-2 以框線提醒使用者還有更大比例尺的海圖可以用

第12章

過度依賴ECDIS的風險

12.1　ECDIS顯示的資料

　　海測資料不正確，海測原始資料、資料處理或製圖時的資料解析度不夠高或是錯誤疏漏，海域環境的變遷或是沉船浮標的移位等因素，都可能使得在ECDIS螢幕上顯示的海圖資料錯誤。

　　電子定位系統提供的定位輸入不正確、雷達資料輸入不正確、採用不同的大地坐標系統、船上各感測器的位置或參考坐標不同等因素，都可能會使得在ECDIS螢幕上顯示的本船船位不正確。

　　所以至少應該隨時比較ECDIS與雷達資訊，並且用第二種獨立的定位系統或技術檢核船位。至於水面下的海床水深資訊等海測資料的可信度，可以查看電子航海圖的「資料品質指標」。依據IHO S52的要求，ECDIS必須能提供使用中電子航海圖(以本船船位為準)的概略說明，「資料品質指標」就是必要的項目之一。每個ENC圖幅單元裡有資料的地方都有「資料品質指標」，這個指標把資料品質分成6個信賴區(Zone of Confidence, ZOC)。

表12-1　做為電子航海圖「資料品質指標」的信賴區定義

ZOC	位置 準確度(m)	深度 準確度(m)	海床涵蓋率	典型的測量特性
A1	±5m	0.5+0.01d d誤差 10±0.6m 30±0.8m	已全面掃測，所有有意義的海床特徵物都已被偵測並測量深度。	高準確度，控制的系統性測量，以DGPS或至少3條位置線定位，WGS84基準，多音束或掃測系統。
A2	±20m	1.0+0.02d d誤差 10±1.2m 30±1.6m	已全面掃測，所有有意義的海床特徵物都已被偵測並測量深度。	控制的系統性測量至標準準確度，使用現代化的測深儀與聲納或機械式掃測。
B	±50m	1.0+0.02d d誤差 10±1.2m 30±1.6m	未全面掃測，礙航危險物應該都已測繪在海圖上，但仍可能存在。	控制的系統性測量至標準準確度。
C	±500m	2.0+5d d誤差 10±2.5m 30±3.5m	未全面掃測，可預期仍有深度異常。	低準確度的測量，或是航行經過時機會性測量蒐集的資料。
D	比C差	比C差	未全面掃測，可預期仍有大的深度異常。	品質不佳的資料，或是缺乏資訊難以評估資料品質。
U	資料尚未評估			

12.2 　對ECDIS顯示資料的判讀

　　ECDIS整合電子海圖與其他感測器或航儀系統後呈現的畫面或資料，可能會因為下列因素而造成航海人員判讀錯誤：

　　1. 運動向量的不同穩定模式(對水還是對地穩定)。

　　2. 顯示比例尺過大；忽略了定位感測器的95%誤差機率。

　　3. 自動維持航跡在航路上的功能可能使實際船位偏離了航路。

　　4. 真北與電羅經所指北方的差異。

　　為了避免判讀錯誤，應該隨時確認：所有的資料已經採用共同的參考系統、已經選擇適合的顯示比例尺、已經採用當下最適合的感測器、已經設定適當的安全值、已經選擇適當的顯示資訊類別。

12.3　減低風險的必要認知與作為

　　ECDIS是一個整合式的導航資訊系統，其中一個子系統的錯誤可能影響到其他子系統的效能，進而使ECDIS失去效用。

　　因此，航行當值不能只依賴單一系統，必須保持適當的瞭望，並且每隔一段時間用ECDIS以外的方法執行檢核，尤其是針對船位的檢查。不管有沒有使用ECDIS，所有的航海作業都必須符合航行當值(STCW, SOLAS)的基本原則與作業準則。

　　ECDIS是支援航海人員執行航海作業，減輕航海人員工作負荷，並有效提升航行安全與效率的工具。但是航海人員仍然應該隨時評估ECDIS和所有資料的完整性與可靠性，更應該隨時評估所有可得的助導航設備或設施，決定最適合的組合。

第13章

ECDIS的航程紀錄

13.1　自動的航程紀錄

ECDIS性能標準要求的自動航程記錄內容，可以分成兩個部份：

1. 過去12小時內，間隔1分鐘的航行與海圖資訊記錄。

2. 整個航程，間隔小於4小時的航跡記錄。

為了重建前12小時的航行過程並確認過程中使用的官方資料庫，必須每隔1分鐘記錄下列資料：

1. 本船的歷史航跡，包括：時間、位置、艏向、速度。

2. 使用的官方資料，包括：ENC來源、版本、日期、圖幅與更新歷史。

13.2　航程紀錄的調閱檢視

航程紀錄是一種工具，用來檢視航程中的航海作業是否適當而負責。航程紀錄的內容是不允許人為修改的，但是使用者應該知道如何取出自動航程紀錄的內容，尤其是：如何重建本船的歷史航跡、如何確認ECDIS使用的官方資料庫(ENC資料來源、版本、發行日期、圖幅和更新的歷史)、如何選擇記錄用的媒體(如果有選擇的話)或設定記錄的間隔。

第14章

ECDIS的系統檢測與備援安排

14.1 ECDIS的系統測試

　　ECDIS的系統測試可以分成系統可以自行執行的「線上測試(on-line test)」和必須使用者介入操作的「手動與目視測試(manual and visual test)」兩種。IEC 61174要求ECDIS設備應該於使用手冊或技術手冊中告知使用者如何執行這些系統測試。「線上測試」包括：開機時的線上測試，以及運作中的線上系統測試。這部分主要是由ECDIS設備自動執行的，若有問題則ECDIS必須發出警告。「手動與目視測試」則是指以人工操作檢測硬體的主要功能、人機介面和感測器資料，以及目視檢測海圖資料在ECDIS螢幕上顯示的情形等。

　　其中特別需要注意的是ECDIS的顯示器(螢幕)。ECDIS顯示器的檢驗與認證可以分成：以完整整合系統送驗和以獨立顯示器(Independent Monitor)送驗這兩種。前者是把顯示器視為整合系統的一部份來檢測整個ECDIS系統是否通過IEC 61174的ECDIS認證，後者則是只就IEC 61174中適用於ECDIS顯示器的部份(6.7.3.2節)檢測，通過檢測則取得ECDIS monitor

圖14-1　用來檢測ECDIS顯示器色彩差異的圖案

的認證。ECDIS顯示器出廠時已經有校正過的亮度與對比的設定值。IEC 61174要求必須在ECDIS設備手冊中告知使用者在船上使用「色彩差異檢測圖(colour differentiation test diagram)」檢測螢幕的程序，也必須提供方法使顯示器能回復到亮度與對比的校正值。因為一旦調整螢幕的亮度，可能會影響到某些資訊的能見度，尤其是在使用夜間色彩表的時候。更何況顯示器也可能會有劣化耗損的情形，所以應該用「色彩差異檢測圖」檢測目前的顯示器是否能提供足夠的色彩差異，如圖14-1在黑色正方形內有一個暗灰色正方形。

要確認ECDIS系統是否正常運作至少應該隨時確認所有的狀態指示；藉由ECDIS與雷達目標或備援定位系統之間的比較，確認ECDIS螢幕顯示和定位系統的正常運作；並且確認所有接收到的海圖更新資料都已經包含在ECDIS的顯示中。

14.2　ECDIS的備援系統

IMO的ECDIS性能標準於1996年新增了附錄六－對於ECDIS備援系統的要求。新增的條文中要求ECDIS備援系統必須具備下列功能：

1. 在海圖資訊的顯示方面：

必須以繪圖(海圖)的形式顯示安全航行必需的相關海道測量與地理環境資訊。如果該備援系統是電子裝置，則顯示的資訊至少要相當於「標準顯示」。備援系統所用的符號與顏色必須是基於IHO的建議。

2. 在航路計畫方面：

必須能接手原本在ECDIS上執行的航路計畫，也必須能手動調整航路或是在航路計畫裝置調整後轉移到備援系統。

3. 在航路監視方面：

必須能接手原本在ECDIS上執行的航路監視，至少提供下列功能：自動或手動在海圖上標繪本船船位；從海圖上取得航向、距離、方位；顯示預定的航路；顯示本船航跡沿線標註的時間；在海圖上畫數量足夠的參考點、方位線、距離圈等。

4. 在海圖資訊的提供方面：

　　使用的海圖資訊必須是政府海測局依據IHO標準製作發行的最新版本。必須無法更動電子海圖資訊的內容。也必須標示該海圖或海圖資料的版本與刊行日期。

5. 在航程紀錄方面：

　　備援系統必須紀錄船舶的實際航跡，包括位置與定位時間。

　　以備援系統接替運作時，航海人員必須把所有相關的航行規劃資料從ECDIS安全地轉移到備援系統，也必須立刻把所有相關的海圖更新資料轉移到備援系統。

第15章

電子海圖的資料保護機制

15.1 國際海測組織資料保護計畫S-63

　　由於國際海測組織(IHO)S57標準電子航海圖(ENC)的製作成本高，卻不易保護版權，而且於發送的過程中，萬一被假冒官方之名散佈不實電子海圖資料或故意竄改官方資料，可能會危及航行安全。因此自從國際間開始生產發行S57電子海圖，就已經開始有加密保護資料的主張，引發長期的討論。一開始主要的反對者所持的理由是：加密保護資料所帶來的複雜性本身，可能使得ECDIS無法順利讀取電子海圖資料，因而危及航行安全，也很可能不利於電子海圖與ECDIS的推展應用。PRIMAR原是由挪威與英國海測局為了促進歐洲各國海測局之間的合作，於1998年依循IHO的世界電子海圖資料庫(WEND)原則而設立的「區域電子海圖協調中心(Regional ENC Co-ordination Centre, RENC)」，約有12個歐洲國家的海測局參與。PRIMAR在其電子海圖經銷(distribution)機制中，率先引進了資料保護的措施。在數年之後，英國海測局更另行推動成立了國際電子海圖中心(International Centre for ENCs, IC-ENC)，企圖將此電子海圖中心從區域性的RENC提升至涵蓋面更廣的世界級中心。隨著各國電子海圖製圖量以及ECDIS應用經驗的增加，國際海測組織會員國於2002年12月採納了電子海圖資料保護的標準：S63(IHO Data Protection Scheme)。S63標準以Primar所研發運作的資料保護機制為基礎，定義了「將各國海測局生產的電子海圖資料銷售給ECDIS系統使用」這個過程中，各參與者在資料保護計畫內的角色定位及其所應負的責任。

15.2 相關資料安全技術簡介

15.2.1 資料安全的基本要素

大部分的資料安全系統都會應用下列四項基本要素：

1. 鑑別(Authentication)：

鑑別安全系統有鑑別者與身份碼兩個主要單元，由鑑別者透過一套認證方式，驗證使用者的身份碼，只有通過鑑別的使用者，能獲得授權得到使用資料的權限。

2. 授權(Authorization)：

設定通過系統驗證的使用者，存取系統資源權限的過程即稱為授權。透過授權程序，可以區分使用者存取特定資源權限的安全文件，這些文件分成資源的擁有者和使用者，以及讀取、寫入、刪除與執行的權限。

3. 機密性(Confidentiality)：

由於訊息是不斷地透過各種形式傳送，因此很難控制在過程中誰會存取到這些訊息。「機密性」是用金鑰變更或加密資料，只有獲准讀取資料的使用者，可以使用金鑰解開機密檔案的原始資料，藉此來維護資料的秘密。

4. 完整性(Integrity)：

在資訊傳輸或儲存時，可能會發生損毀或變更，因此改變資訊的完整性，而透過資訊雜湊(Hashing)可驗證資料的完整性。雜湊是一種用來處理資訊並產生唯一結果的演算法，只要變更資訊的任何一個字元，就會產生不同的結果。

15.2.2 金鑰

使用金鑰的目的是：保護資料不被未經授權者讀取，達到資料的機密性，以特殊密碼變更或加密將傳送的資料，這種加解密作業的關鍵在於

金鑰的製作和使用。密碼作業機制從金鑰的型態來看，可分為對稱式金鑰(Symmetric key)與非對稱式金鑰(Asymmetric key)兩種不同的機制。

1. 對稱式金鑰(Symmetric key)：

對稱式金鑰是最早利用金鑰的密碼系統，在資料的加密和解密時都使用同一把金鑰或稱密鑰(secret key)。優點是：加解密速度快。缺點則是：加密金鑰與解密金鑰用同一把金鑰，如何安全地交換並共享這把金鑰是一大問題。

2. 非對稱式金鑰(Asymmetric key)：

非對稱式金鑰可以改善對稱式金鑰交換金鑰的問題，其加密金鑰和解密金鑰不是同一把，每組金鑰對包含兩把互相對應的金鑰，一把是可以公開的公鑰(public key)，另一把則是不可公開之私鑰(private key)，公鑰是由私鑰計算而得，所以公鑰與私鑰具有唯一的關連性。Diffie-Hellman(DH)金鑰交換協定、RSA金鑰交換協定、ECC金鑰交換協定、數位簽章都是屬於這一類。

一般為了防止竊聽者取得金鑰副本，通訊的各方會協議出一把相同的金鑰，且不需透過網際網路傳輸欲使用的金鑰。通常各方僅需使用議定的同一把金鑰，並且每隔一段時間就變換金鑰，以期防止攻擊者破解。當金鑰隨著每次通訊進行變更時，就稱為階段作業金鑰(session key)。金鑰對的公鑰會以X.509憑證的形式發送，確保公鑰在傳送過程中不會遭到竄改，目前有許多相關的通訊協定與第三方組織，專門處理X.509憑證的更新、發送、撤銷及管理。公開金鑰基礎建設(Public Key Infrastructure, PKI)即是提供公開金鑰管理與配送。

15.2.3　數位簽章

數位簽章演算法(Digital Signature Algorithm, DSA)是數位簽章標準(Digital Signature Standard, DSS)內所描述的演算法(http://www.itl.nist.gov/fip186.htm)。

數位簽章的用途很廣，主要常被用於驗證資料是否有被竄改，並確保簽章與使用者之間的不可否認性。數位簽章是由金鑰對、訊息以及簽章組成，這三者之間存在著相互對應的關係，只要其中一項產生變動，驗證簽章就會

失敗。數位簽章作業機制屬於非對稱式金鑰對，如果要對資料進行簽署，必須以簽署者的私鑰簽署資料，產生數位簽章；如果要驗證簽章，則要使用私鑰相對應的公鑰來驗證簽章的真確性。只要簽章驗證無誤，就表示訊息沒有被竄改，並可確保簽章與使用者之間的不可否認性。

數位簽章演算法的要點如下：

1. 初始化公開參數

參數p：p介於2^{L-1}與2^L之間的質數，其中$512 \le L \le 1024$，且L需為64的倍數。

參數q：q = p − 1的質因數，並符合$2^{159} < q < 2^{160}$

參數g：g = $h^{(p-1)/q}$ mod p，其中h可為1到p−1之間的整數

2. 產生公鑰y與私鑰x

私鑰x：介於0到q之間的亂數

公鑰y：y = g^x mod p

3. 以私鑰x對訊息M進行簽署

參數k：介於0到q之間的亂數，每次執行簽署都得重新產生

簽章r與s：r = (g^k mod p) mod q

$$s = [k^{-1} (H(M) + xr)] \bmod q$$

其中H(M)代表使用雜湊函數SHA−1對訊息M做雜湊運算

4. 以公鑰y驗證簽章，測試v是否等於r'

w = (s')−1 mod q

u1 = [H(M')w] mod q

u2 = (r')w mod q

v = [(g^{u1} y^{u2}) mod p] mod q

其中r'、s'及M'代表收方取得的r、s及M

數位簽章的產生與驗證程序如圖15-1：

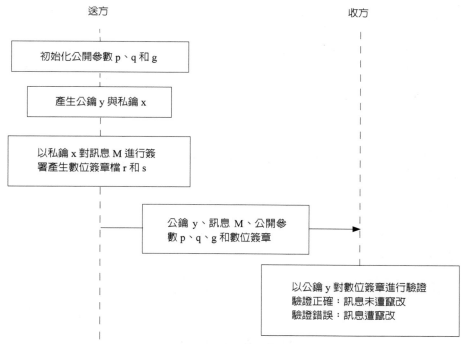

圖15-1 數位簽章的產生與驗證流程

15.3 S-63的資料保護措施

15.3.1 資料保護措施的操作目的

IHO S-63資料保護計畫採用了三重保護措施,包括:

1. 防止盜拷(Piracy protection)

利用「加密」的機制,防止ENC資料被非法盜拷。並且在加密之前先「壓縮」,以去除ENC資料中的重複模式,降低加密資訊被破解的機率。

2. 選擇性存取(selective access)

利用「圖幅許可」(cell permit)的機制,限制用戶所能存取的ENC資訊範

圍和期限。如此一來，可以把大量的電子海圖檔案儲存在同一張資料光碟，即使各個用戶的訂購內容(圖幅範圍、數量)或條件(一次購買、購買一年的使用權)不同，也可以用同樣內容的光碟交貨。後續的維護或添購，只要把新的「圖幅許可」或電子海圖資料的更新檔等較小量的資料以通訊的方式傳送即可。

3. 鑑定證明(authentication)

利用「數位憑證」(digital certificate)的機制，讓用戶端確認ENC資料的來源是哪一個資料伺服中心。同時也確認電子海圖資料在傳送的過程中沒有被竄改過。

15.3.2　資料保護計畫的參與者

IHO S-63資料保護計畫(Protection scheme)的參與者，依據角色定位可分類為：

1. 安全架構管理者(Scheme Administrator, SA)

由IHO的秘書處─國際海測局(International Hydrographic Bureau, IHB)，代表IHO會員國擔任整個安全架構的管理者。由SA控管參與資料保護計畫的成員資格，確保各成員遵循既定的程序運作。在整個架構中唯有SA可以發「數位憑證」給資料保護計畫的參與者。

2. 資料伺服中心(Data Server, DS)

資料伺服中心是提供電子海圖服務的組織，例如：海測局或區域電子海圖協調中心(RENC)。DS負責以符合S63的程序與方法加密及簽署ENC資訊。DS必須為每一個電子海圖圖幅檔案(ENC cell)的每個版本建立一個「圖幅金鑰」(cell key)，用以加密該電子海圖圖幅檔案及其同一版本的所有更新檔。DS也必須能依據資料用戶(DC)提出的用戶許可(User Permit)和用戶的訂購狀況，產生「圖幅許可」(cell permit)傳送給用戶端，並適時更新許可。

3. 資料用戶(Data Client, DC)

資料用戶是指ENC的使用者，例如：使用ECDIS/ECS(電子海圖系統)的

船員。DC負責以符合S63的程序驗證ENC數位簽章並將ENC資訊解密。驗證簽章和解密的動作實際上是由安裝在資料用戶端的應用軟體(例如：船上的ECDIS)執行的。也就是說，支援S63資料保護計畫的電子海圖系統廠商(OEM)必須在其應用軟體中提供此一功能模組。

4. 電子海圖系統廠商(OEM)

被SA允許參與資料保護計畫的電子海圖系統廠商(OEM)，將由SA提供一組具有唯一性的「廠商金鑰(M_Key)」與「廠商識別碼(M_ID)」。參與S63資料保護計畫的OEM必須在其應用軟體中提供資料保護計畫的相關功能模組，也必須提供一個安全機制使每個安裝於用戶端的軟體都有一個具有唯一性的「硬體識別碼(HW_ID)」。資料用戶無法得知HW_ID，而是取得一個「用戶許可(User Permit)」，「用戶許可」的內容包含用「廠商金鑰(M_Key)」加密過的HW_ID，以及「廠商識別碼(M_ID)」。資料用戶(DC)向資料伺服中心(DS)提出此用戶許可(User Permit)後，DS會從「用戶許可」內的廠商識別碼(M_ID)得知應該用哪一個廠商金鑰(M_Key)解密取得「硬體識別碼」，再依據該HW_ID對應的用戶訂購資訊，產生「圖幅許可」(cell permit)發給該用戶，讓該用戶解密並使用其訂購的電子海圖資訊。

15.3.3　計畫參與者的數位憑證

數位憑證是由「認證中心(Certification authority)」發布給參與保密計畫裡所有提供電子海圖的組織(Data Server)的，用以避免公鑰在由Data Server傳送給電子海圖的使用者(Data Client)時，公鑰遭到竊取或篡改。在電子海圖資料安全系統裡，發佈數位憑證的認證中心是由國際海測局(International Hydrographic Bureau，IHB)擔任安全架構管理者(Security Scheme Administrator，SA)，提供計畫內數位憑證的發佈。

Data Server數位憑證的建立和驗證流程中，主要有下列幾項程序：SA驗證SA數位憑證、Data Server驗證SA數位憑證、Data Server建立自我簽章金鑰(Self Signed Key，SSK)、SA驗證SSK、SA建立Data Server數位憑證、Data Server驗證Data Server數位憑證，如圖15-2所示。

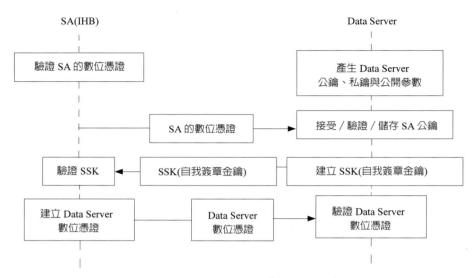

圖15-2　Data Server數位憑證建立和驗證流程圖

1. SA驗證SA數位憑證

　　SA驗證SA數位憑證的流程如圖15-3，其主要目的是：希望SA能夠先以自己的公鑰y驗證SA數位憑證，以確保數位憑證的內容沒有發生錯誤。SA數位憑證內包含：以SA私鑰x簽署SA公鑰y產生的數位簽章檔r和s、SA的公鑰y與SA的公開參數p、q、g。而SA的數位簽章檔r和s，簽署過程如下：

　　以SA私鑰x對SA公鑰y進行簽署

　　參數k：介於0到q之間的亂數，每次執行簽署都必需要重新產生

　　簽章r與s：　$r = (g^k \bmod p) \bmod q$

　　　　　　　　$s = [k^{-1} (H(y) + xr)] \bmod q$

　　其中H(y)代表使用雜湊函數SHA-1對SA的公鑰y做雜湊運算，因此驗證SA數位憑證時，必須以SA的公鑰y才能驗證SA的數位簽章檔r和s，驗證方式如下：

　　以SA的公鑰y驗證簽章，測試v是否等於r

　　$w = (s)^{-1} \bmod q$

　　$u1 = [H(y)w] \bmod q$

　　$u2 = (r)w \bmod q$

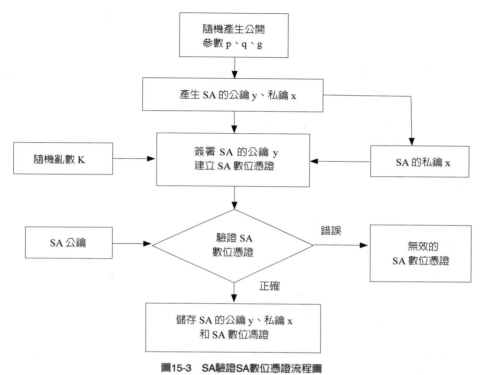

圖15-3　SA驗證SA數位憑證流程圖

$$v = [(g^{u1} \, y^{u2}) \bmod p] \bmod q$$

2. Data Server驗證SA數位憑證

Data Server驗證SA數位憑證的流程如圖15-4，其主要目的是：藉由驗證SA數位憑證，安全地取得SA的公鑰。SA數位憑證包含：以SA私鑰x簽署SA公鑰y產生的數位簽章檔r和s、SA的公鑰y與SA的公開參數p、q、g，因此Data Server驗證SA數位憑證必須以憑證內SA的公鑰y對數位簽章進行驗證，驗證SA公鑰y的真確性，驗證方式如下：

以SA的公鑰y驗證簽章，測試v是否等於r

$$w = (s)^{-1} \bmod q$$

$$u1 = [H(y)w] \bmod q$$

$$u2 = (r)w \bmod q$$

$$v = [(g^{u1} \, y^{u2}) \bmod p] \bmod q$$

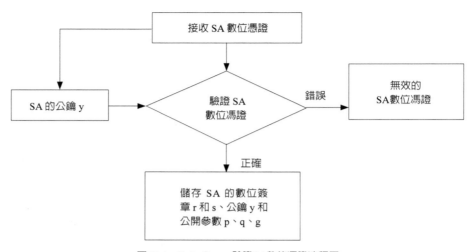

圖15-4　Data Server驗證SA數位憑證流程圖

　　其中H(y)代表使用雜湊函數SHA-1對SA的公鑰y做雜湊運算

3. Data Server建立自我簽章金鑰(Self Signed Key，SSK)

　　Data Server建立自我簽章金鑰的流程如圖15-5，其主要目的是：使用Data Server私鑰x對Data Server的公鑰y進行簽署，讓SA能藉由驗證DS的自我簽章金鑰，安全地取得Data Server的公鑰y。自我簽章金鑰SSK內包含：以Data Server私鑰x簽署Data Server公鑰y產生的數位簽章檔r和s、Data Server的公鑰y與Data Server的公開參數p、q、g。而Data Server的數位簽章檔r和s，簽署過程如下：

　　以Data Server私鑰x對Data Server的公鑰y進行簽署

　　參數k：介於0到q之間的亂數，每次執行簽署都必需要重新產生

　　簽章r與s：$r = (g^k \bmod p) \bmod q$

$$s = [k\text{-}1(H(y) + xr)] \bmod q$$

　　其中H(y)代表使用雜湊函數SHA-1對Data Server的公鑰y做雜湊運算。

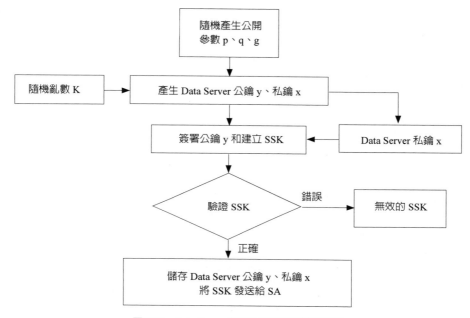

圖15-5　Data Server建立自我簽章金鑰流程圖

4. SA驗證自我簽章金鑰(Self Signed Key，SSK)

　　SA驗證自我簽章金鑰SSK的流程如圖15-6，其主要目的是：讓SA藉由驗證DS自我簽章金鑰，安全地取得Data Server的公鑰y。自我簽章金鑰SSK內包含：以Data Server私鑰x簽署Data Server公鑰y產生的數位簽章檔r和s、Data Server的公鑰y與Data Server的公開參數p、q、g。因此SA驗證自我簽章金鑰SSK時，必須以自我簽章金鑰SSK內Data Server公鑰y對自我簽章金鑰SSK進行驗證，驗證Data Server公鑰y的真確性，驗證方式如下：

以Data Server的公鑰y驗證DS的SSK，測試v是否等於r

$w = (s)^{-1} \bmod q$

$u1 = [H(y)w] \bmod q$

$u2 = (r)w \bmod q$

$v = [(g^{u1} \, y^{u2}) \bmod p] \bmod q$

其中H(y)代表使用雜湊函數SHA-1對DS的公鑰y做雜湊運算。

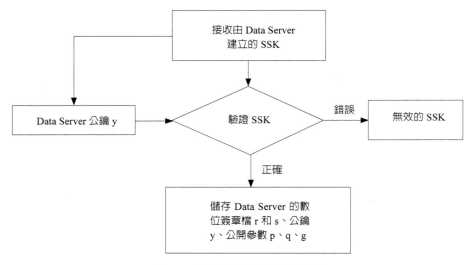

圖15-6　SA驗證自我簽章金鑰流程圖

5. SA建立Data Server數位憑證

　　SA建立Data Server數位憑證的流程如圖15-7，其主要目的是：藉由使用SA的私鑰x對Data Server的公鑰y進行簽署，產生Data Server數位憑證，當有任何電子海圖的使用者(Data Client)，想取得Data Server的公鑰y來驗證Data Server簽署的訊息，就必須驗證Data Server數位憑證，才能取得Data Server公鑰y。Data Server數位憑證內包含：以SA的私鑰x簽署Data Server的公鑰y產生的數位簽章檔r和s、Data Server的公鑰y與Data Server的公開參數p、q、g。而數位簽章檔r和s簽署過程如下：

　　以SA私鑰x對Data Server的公鑰y進行簽署

　　參數k：介於0到q之間的亂數，每次執行簽署都必需要重新產生

　　簽章r與s：$r = (g^k \bmod p) \bmod q$

　　　　　　　$s = [k-1(H(y) + xr)] \bmod q$

　　其中H(y)代表使用雜湊函數SHA-1對DS的公鑰y做雜湊運算

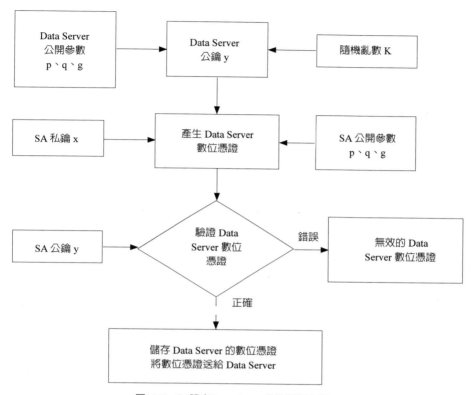

圖15-7　SA建立Data Server數位憑證流程圖

6. Data Server驗證Data Server數位憑證

　　Data Server驗證Data Server數位憑證的流程如圖15-8，其主要目的是：驗證SA發給的Data Server數位憑證，確保Data Server數位憑證未遭竄改。Data Server數位憑證內包含：以SA私鑰x簽署Data Server的公鑰y產生的數位簽章檔r和s、Data Server的公鑰y與Data Server的公開參數p、q、g。因此Data Server驗證Data Server數位憑證時，必須以先前驗證SA數位憑證儲存的SA的公鑰y和SA的公開參數p、q、g對Data Server數位憑證進行驗證，驗證Data Server公鑰y的真確性，驗證方式如下：

　　以SA的公鑰y驗證Data Server數位憑證，測試v是否等於r

　　$w = (s)^{-1} \bmod q$

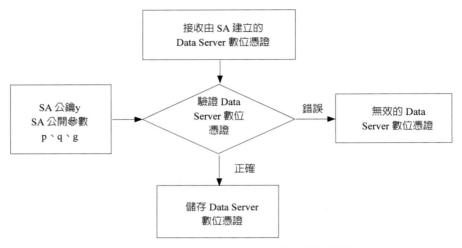

圖15-8　Data Server驗證Data Server數位憑證流程圖

u1 = [H(y)w] mod q

u2 = (r)w mod q

v = [(g^{u1} y^{u2}) mod p] mod q

其中H(y)代表使用雜湊函數SHA-1對DS的公鑰y做雜湊運算

15.3.4　使用許可

　　「使用許可」用於電子海圖使用者(Data Client)向資料伺服中心(Data Server)申請任何新版或更新版圖幅的使用權限時。在電子海圖資料安全系統裡，使用許可的檔案格式與長度，如表15-1所示，包含加密的硬體識別碼(HW_ID)、Check Sum和電子海圖系統廠商(OEM)的廠商識別碼(M_ID)三種資料的組合：

1. 加密的硬體識別碼：

　　使用Blowfish演算法以OEM的金鑰(M_Key)對硬體識別碼進行加密產生加密的硬體識別碼。

2. Check Sum：

以CRC32演算法對加密的硬體識別碼進行雜湊運算產生的結果。

3. 廠商識別碼：電子海圖系統廠商的廠商識別碼。

表15-1　使用許可的格式

Encrypted HW_ID	Check Sum	M_ID
16 hex chars	8 hex chars	4 hex chars

例如：M_ID：$(3130)_H = (10)_{10}$

M_Key：$(3130313231)_H = (10121)_{10}$

HW_ID：$(3132333435)_H = (12345)_{10}$

User Permit：73871727080876A07E450C043130

電子海圖系統廠商在設計應用軟體時，必須提供一個安全機制使所有電子海圖使用者的軟體都具有一個唯一的硬體識別碼。當DC想獲得任何新版或更新版圖幅使用權限，必須先自行以OEM的金鑰、廠商識別碼和硬體識別碼產生使用許可，將使用許可告知資料伺服中心，DS可從收到的使用許可萃取出加密的硬體識別碼、Check Sum和廠商識別碼，使用廠商識別碼相對應的OEM的金鑰解密DC的硬體識別碼，並使用CRC32演算法對收到的加密硬體識別碼進行雜湊運算並比對收到Check Sum與運算產生的結果是否相同，確保使用許可在傳送過程中未遭竄改，流程如圖15-9。

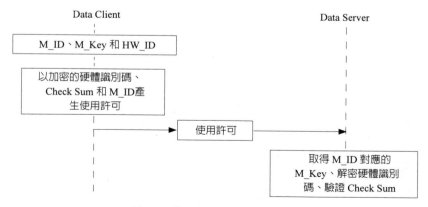

圖15-9　使用許可的產生與驗證流程

15.3.5　圖幅許可

　　「圖幅許可」建立的目的是提供資料伺服中心(Data Server)授權電子海圖使用者(Data Client)使用圖幅的權限。圖幅許可的檔案格式包含了圖幅許可檔(Cell Permit)和詮釋許可檔(Meta Permit)。圖幅許可檔是用來記錄DC能使用的圖幅名稱、圖幅使用的期限、兩把加密的圖幅鑰匙(CellKey1和CellKey2)與加密的Check Sum，如表15-2所示。Cell Name是由8個英文字母或數字的組合。Expiry Date紀錄每一張圖幅使用的終止日期，紀錄內容為年、月、日，共有8個數字的組合。Encrypted CK1和Encrypted CK2為分別使用Blowfish演算法以DC的硬體識別碼對CellKey1和CellKey2進行加密。Encrypted Check Sum是使用CRC32演算法將Cell Name、Expiry Date、Encrypted CK1和Encrypted CK2進行雜湊(Hash)運算，並使用Blowfish演算法以DC的硬體識別碼將運算的結果進行加密。

表15-2　圖幅許可的格式

Cell Name	Expiry Date	Encrypted CK1	Encrypted CK2	Encrypted Check Sum
8 alphanumeric chars	8numeric chars	16 hex chars	16 hex chars	16 hex chars

　　例如：Cell Name：NO4D0613
　　　　　Expiry Date：20000830
　　　　　Encrypted CK1：BEB9BFE3C7C6CE68
　　　　　Encrypted CK2：B16411FD09F96982
　　　　　Encrypted Check Sum：795C77B204F54D48

　　「詮釋許可檔」是用來記錄圖幅許可內圖幅的輔助資料，資料包含Date and Time、Version、Cell Permit Record。Date and Time用來記錄圖幅許可發布的日期與時間，Version為紀錄Meta Permit的版本，Cell Permit Record是用來紀錄Cell Permit、Service Indicator、EDTN、Reserved和Comment。範例如下：

　　:DATE 20050710 10:10
　　:VERSION 1
　　:ENC

NO4D051220061231BEB9BFE3C7C6CE68B16411FD09F9698286AE183 AE0B5E54C,1,5,,This is the comment!

NO5F161520061231BEB9BFE3C7C6CE68B16411FD09F96982C3B39C1C 152179DD,1,5,,This is the comment!

:ECS

在資料伺服中心授權圖幅許可給電子海圖使用者時,首先必須先收到電子海圖使用者的使用許可,驗證使用許可Check Sum是否正確,並且解密DC的硬體識別碼。將製作出的圖幅許可授權給電子海圖使用者,在DC收到圖幅許可後,因為圖幅許可在製作時使用DC的硬體識別碼對Cell Key1、Cell Key2和Check Sum進行加密,所以只有相同硬體識別碼的DC才有被授予解密Cell Key1、Cell Key2和Check Sum的能力。DC為了確保圖幅許可的真確性,必須使用CRC32演算法將Cell Name、Expiry Date、Encrypted CK1和Encrypted CK2進行雜湊(Hash)運算,將計算出的結果與使用Blowfish演算法以DC的硬體識別碼將Encrypted Check Sum進行解密的結果進行比對,當兩者比對結果相同時,即可從圖幅許可取得Cell Key1和Cell Key2,即獲得使用圖幅的授權。

15.3.6　電子海圖的數位簽章

在電子海圖資料安全系統裡,ENC數位簽章是由Data Server簽署並發佈給電子海圖的使用者(Data Client),ENC數位簽章的簽署流程中主要有下列幾項程序:Data Server壓縮/加密Cell、Data Server簽署ENC數位簽章、Data Client解密/解壓Cell、Data Client驗證ENC數位簽章,如圖15-10所示。

在Data Server發佈任何新版或更新版的圖幅,都會先對圖幅檔執行壓縮、加密和簽署ENC數位簽章等程序。在Data Server加密圖幅前,會先使用ZIP壓縮技術對圖幅先執行壓縮,減少儲存圖幅的檔案大小,更重要的是避免因為資料格式的規則性而易被破解,並對完成壓縮的圖幅使用圖幅許可裡,圖幅的Cell Key進行加密,緊接著,Data Server會將每一張完成壓縮和加密的圖幅執行簽署,產生ENC數位簽章,並將加密的圖幅、ENC數位簽章和圖幅許可(Cell Permit)發佈給提出原使用許可的使用者(Data Client)。電子海

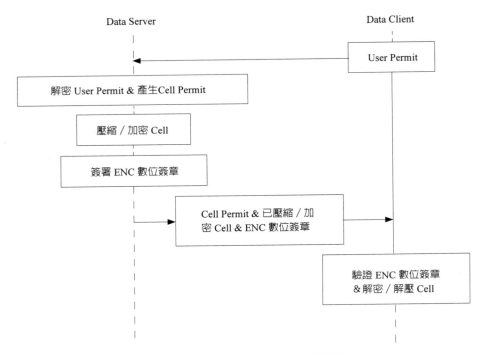

圖15-10　電子海圖數位簽章的簽署與驗證流程

圖使用者收到任何Data Server所發佈的圖幅檔後，應先驗證ENC數位簽章，再解密和解壓圖幅，確保接收到的圖幅未遭竄改。

1. Data Server壓縮和加密Cell、簽署ENC數位簽章

　　Data Server壓縮和加密Cell、簽署ENC數位簽章的流程如圖15-11，其主要目的，是使用Data Server的私鑰x對完成壓縮和加密的圖幅進行簽署，產生圖幅簽章(Cell Signature)，當有任何電子海圖的使用者(Data Client)，想要解密取得DS提供的圖幅，必須驗證ENC數位簽章，確保DS發佈的圖幅未遭竄改。

　　在電子海圖資料安全系統裡，ENC數位簽章是由Data Server簽署並發佈給電子海圖的使用者(Data Client)，ENC數位簽章內包含圖幅簽章(Cell Signature)和Data Server數位憑證；圖幅簽章內包含：使用Data Server的私鑰x對完成壓縮和加密的圖幅進行簽署，產生圖幅簽章檔r和s。Data Server數位憑證內包含：以SA的私鑰x簽署Data Server的公鑰y產生的數位簽章檔r和s、

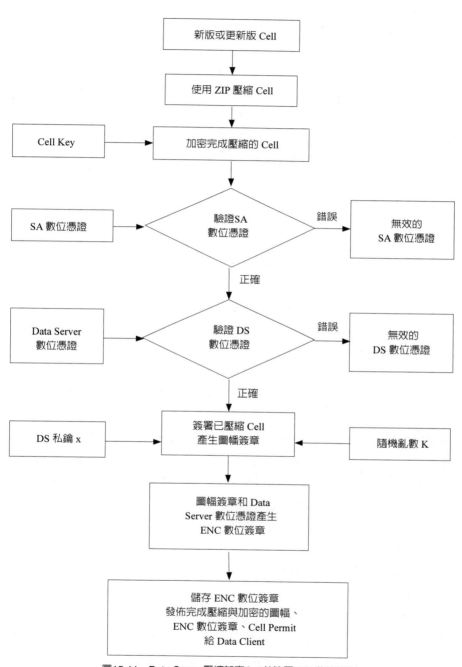

圖15-11　Data Server壓縮加密Cell並簽署ENC數位簽章

Data Server的公鑰y與Data Server的公開參數p、q、g。而圖幅簽章檔r和s簽署過程如圖15-11：

以Data Server私鑰x對完成壓縮和加密的圖幅進行簽署

參數k：介於0到q之間的亂數，每次執行簽署都必須重新產生

簽章r與s：r = (g^k mod p) mod q

s = [k-1(H(y) + xr)] mod q

其中H(y)代表使用雜湊函數SHA-1對已壓縮和加密的圖幅進行簽署做雜湊運算。

ENC數位簽章是由圖幅簽章和Data Server數位憑證所組成，其檔案格式如下：

// Signature part R:

1C38 72CC 8F8D 8F9D C71F 5C41 9858 FD62 D37E 1B22.

// Signature part S:

3CE2 9353 4845 BDE9 65E3 BBEE 841F 5FF4 CE99 B066.

// Signature part R:

7ED4 A006 1BFC D533 B33A 618B 58B9 CE62 5AE0 DFC3.

// Signature part S:

667C E683 45D5 C3FD CF37 B368 C7E9 CE6F 5FAB E773.

// BIG p

EC8C 724D A295 4A6B 85D0 E4BA DA26 AA64 E456 5F1D 186E 5B30
257A 003B FB78 AAC3 69D3 A4EF 0947 851A FCD3 C014 44D1 A7EA 4CF4
5AC0 4D9A F36D 42E8 E329 DB69 A16C 1637 818D A353 7C61 0BD9 E73F
9623 CD93 A365 61A9 0FD7 01AC E4C7 5937 5EB2 F4BA 5F32 5C1B A822
7055 4229 9D7C A73A 0A99 9D7C 4BEB DC28 DAB1 93C3 0B62 FFBE F5C9.

// BIG q

F566 4F22 80A2 4086 1CAD D9C1 A25A 25DE FC72 3EA5.

// BIG g

B795 2C51 8B8A F8B0 3E30 9478 C566 75F3 5197 4E12 DEC7 60C6
34B6 81D1 FADF 14ED A3DB 5E54 1C0A 1EA8 E4BF 9656 68D4 E15E 0554
CA25 7477 4F71 E221 31B8 A24E D612 1023 4988 0FC6 E0D5 00BA 9CD1

CD56 F663 C34D C734 EA91 AC70 97A0 00F7 CBC8 B946 B29D B8DC BCE3
0E7A 6441 C850 ED92 2C03 FB2B 9C3A 5F9C 39A7 B442 F4AD E8A3 2DB7.
　// BIG y

573B 4284 D50D E59C BD78 036E 80D6 4F40 8AC1 630C BCC9 671B
DEDA C3BC 91F0 B239 35C4 7EA8 1C48 6EC1 2830 F428 B3F4 F4EC 636B
287D 1231 0868 6D88 214B E0E7 1724 DF4C 2B40 E23B 7267 2BE6 7011
0B0C 2111 2D89 A32E CA2F DA34 779D A7DE AD2B 4246 090E 03C6 1E11
4B46 6A83 421F 1281 0688 1D69 536D 6494 D933 1B17 BCE3 FBD2 B9A0.

　　在ENC數位簽章裡，第一組簽章R和S是由圖幅簽章所形成，第二組簽
章R和S、公開參數p、q、g和公鑰y即是Data Server數位憑證。因此，在簽
署ENC數位簽章時，首先會對SA數位憑證進行驗證，確保DS儲存的SA公鑰
沒有因時間與人為因素發生儲存與管理上的錯誤，正確的取得SA的公鑰，
接著使用SA的公鑰驗證Data Server數位憑證，確認Data Server數位憑證無
任何的錯誤產生，並將Data Server數位憑證用來產生的ENC數位簽章。在電
子海圖資料安全系統裡儲存ENC數位簽章檔，會將ENC數位簽章依照原先
圖幅檔的檔名稍加變化檔案名稱而儲存，將圖幅的主檔名，第三個字依照表
19所相對應的字取代原檔名的方式進行儲存，因此不會混淆圖幅相對映的
ENC數位簽章。例如：Cell file： N14X1234.000，因此ENC數位簽章檔名：
N1LX1234.000。

表15-3　電子海圖數位簽章儲存檔名替換對照表

航行用途 'P'	簽章用途 'Q'
1	I
2	J
3	K
4	L
5	M
6	N

2. Data Client驗證ENC數位簽章、解密/解壓Cell

　　Data Client驗證ENC數位簽章和解密/解壓Cell的流程如圖15-12，在電子海圖資料安全系統裡，電子海圖的使用者(Data Client)會收到從不同提供電子海圖的組織(Data Server)所發佈的電子海圖，因此在解密/解壓Cell時，也需要一併驗證ENC數位簽章的真確性，以確認收到的圖幅是從安全的電子海圖提供組織發佈。

　　當Data Client確認收到Data Server發佈的加密圖幅、ENC數位簽章、Cell Permit和SA發佈的SA數位憑證，Data Client便可開使執行解密/解壓圖幅以獲取圖幅。首先Data Client會對SA數位憑證進行驗證，確保SA數位憑證內的SA公鑰y未遭竄改，正確的取得SA的公鑰，接著使用SA的公鑰驗證ENC數位簽章裡的Data Server數位憑證，確認Data Server數位憑證內的DS的公鑰y的真確性，以安全的取得DS的公鑰，並使用DS的公鑰驗證ENC數位簽章裡的圖幅簽章，確認ENC數位簽章是正確無誤的。此時，Data Client已經能夠確信收到的圖幅檔是安全的，並且可以開始解密和解壓圖幅。在解密圖幅前，系統必須先取得解密圖幅需要使用的Cell Key和確認圖幅的使用期限是否已經到期，因此，系統會先確認Cell Permit，以Data Client的HW_ID解密Cell Permit裡的Cell Key，確認Cell Permit是授權給本機系統使用，接著，Data Client以Cell Key和ZIP解壓縮技術，解密和解壓圖幅，並計算圖幅的CRC值，確認解密和解壓過程無錯誤發生，最後，刪除加密的圖幅檔。

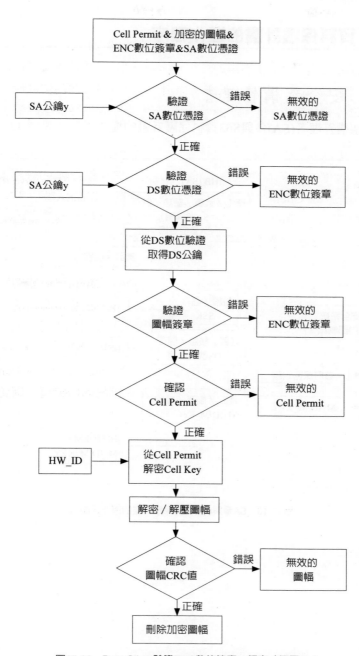

圖15-12 Data Client驗證ENC數位簽章、解密 / 解壓Cell

15.4 資料保護計畫的運作程序

15.4.1 安全架構管理者

安全架構管理者(SA)參與S63資料保護計畫的運作程序如圖15-13。

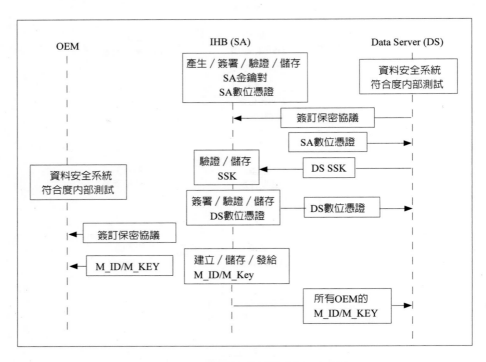

圖15-13　SA參與S63資料保護計畫的運作程序

15.4.2　資料伺服中心

資料伺服中心(DS)參與S63資料保護計畫的運作程序如圖15-14。

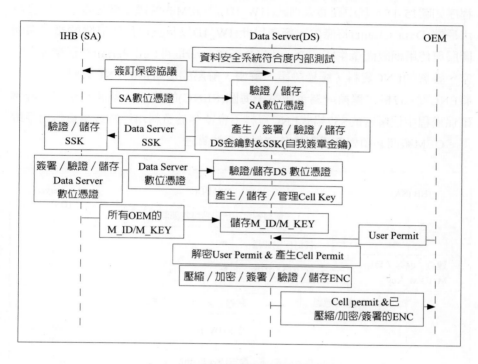

圖15-14　DS參與S63資料保護計畫的運作程序

15.4.3 電子海圖系統廠商與資料用戶

　　電子海圖系統廠商(OEM)與資料用戶(DC)參與S63資料保護計畫的運作程序如圖15-15。其中硬體識別碼(HW_ID)於OEM的軟體安裝於電子海圖資料用戶端(Data Client)時產生。廠商以此HW_ID以及該用戶所訂購的電子海圖圖服與使用期限而產生User Permit向Data Server取得Cell Permit和已壓縮、加密、簽署的ENC資料，經過驗證、解密、解壓縮後所得的ENC資料，由廠商將ENC從S57格式轉換成為系統電子海圖(SENC)的格式。廠商的系統設計應確保過程中已解密的S57格式ENC資料不會留存於資料用戶端或讓資料用戶取得。OEM廠商必須對此過程擔負資料保護的責任。

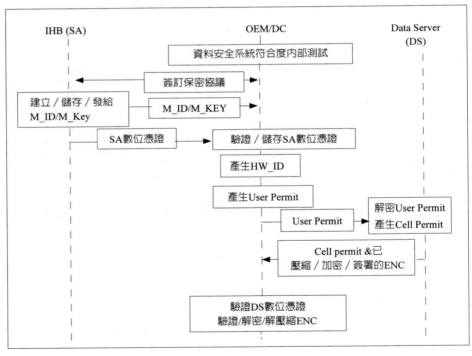

圖15-15　OEM與DC參與S63資料保護計畫的運作程序

第16章

相關應用現況與研發趨勢

電子海圖資訊的擴充

16.1.1 附加軍事資訊

　　目前全球許多海軍正處於引進ECDIS進入航行數位化的轉換階段。對於戰艦而言，除了基本的海圖資訊以外還需要更多的數位化資訊以支援現代化的航行、指揮、管理與戰鬥需求，而「附加軍事資訊(Additional Military Layer, AML)」正是為了滿足NATO海上國防的數位空間資訊總體需求而設計的。AML的概念源起於1995年左右，對於非軍事用戶而言，AML可以在ECDIS系統上使用並顯示，而具備軍艦導航與戰事相關附加功能的ECDIS則稱為Warship ECDIS (WECDIS)。AML資料服務的產品規範將資料內容與載體(資料交換格式)分開，目前向量資料最常用的載體包括：IHO S57與DIGEST的VPF格式。至於內容方面，目前NATO已經通過的6個AML產品規格(詳見表16-1)幾乎相當於將S57現有的物件從WECDIS的應用觀點作分類與擴充，尚在研擬中的產品規格(詳見表16-2)則同時也是下一代電子海圖(IHO S-100/101)海洋物件資訊的重點項目。

表16-1　現有AML產品規格

產品	內容概述
MEF	Maritime Foundation and Facilities 海域基本資料，含潮汐、磁差、岸線、港埠設施位置、國家區界、主要城市、主要的燈光航標、障礙物等
ESB	Environment, Seabed and Beach 海床、各沉積層的組成與厚度、聲學/物理特性、坡度、沙浪、植被、濱灘等
RAL	Routes, Areas and Limits 領海、鄰接區、專屬經濟海域、漁業區界、限制與禁制區、軍事演習區、巡邏區、海洋管理區域、航道規劃、海洋管理區域、航空資訊(機場、空域)等抽象圖徵
LBO	Large Bottom Objects 尺寸大於5m的沉船、岩石、障礙物、海底裝置
SBO	Small Bottom Objects 水雷等尺寸小於5m的小型海底物件
CLB	Contour Line Bathymetry 水深點、等深線、水深區

表16-2　研擬中的AML產品規格

產品	內容概述
IWC	Integrated Water Column 溫、鹽、聲速、密度等物理特性； 環境噪音；光學特性； 表面流、潛流、潮流；渦流、內波； 海表面特性：破浪、湧、海況； 海洋哺乳動物；海洋生物
AMC	Atmospheric and Meteorological Climatology 風、氣溫、氣壓、溼度的歷史資訊，以及能見度、氣象現象的機率等，以輔助作業規劃
NMB	Network Model Bathymetry 海底地形的數值模型(例如：矩陣或不規則三角網)

16.1.2　海洋資訊物件

IHO的ENC規範了ECDIS的最低資訊需求，而海洋資訊物件(Marine Information Object, MIO)則是指不在現有IHO與IMO標準內的海圖或航行相關資訊，屬於補充資訊，其目的也是確保海上航行安全。冰的覆蓋狀況、潮位/水位、海流/洋流、氣象資訊、海洋學、海洋生態、甚至船舶交通服務(Vessel

Traffic Service, VTS)等資訊，都是MIO的研擬重點。而除了IHO以外，NATO的AML發展小組、世界氣象組織(WMO)、國際燈塔與助導航協會(IALA)等都在MIO的發展程序上扮演著重要的角色。

　　在潮位／水位資訊物件方面的研究，目前在美國至少有兩個計畫，分別是「Next Generation ENC」與「Chart of the Future」。計畫的第一階段是結合高密度的海底地形資料與數值地形模型(DEM)製作S57 3.1版的ENC，第二階段試圖在現有ENC資料中展現垂直與時間維度，並在政府船舶或商船現有的ECDIS與電子海圖系統(ECS)中測試。第三階段則將整合透過船舶自動識別系統(Automatic Identification System, AIS)通訊廣播的即時觀測或預測水位資訊以及港口資訊服務。規劃中的初步測試時程約在2004年底。事實上，自從2002年SLOAS開始強制船舶安裝使用AIS設備後，沿岸國多已規劃廣設AIS岸基設備，除了接收船舶的動靜態報告以外，有些更已開始試驗將海氣象與水文資訊透過AIS廣播給船舶。為此，IMO也已擬具廣播訊息格式標準試行中。一般認為，從AIS收到的資訊終將必須與電子海圖整合顯示，以發揮資訊的效用。

　　把潮汐、表面流、風浪、湧等資料整合到ECDIS，主要是為了使船舶的航路最佳化以提高航行效率，並避開海象不佳的區域以提高航行安全。這方面的服務是屬於「海事安全資訊(Maritime Safety Information, MSI)的範疇，目前的MSI產品都還無法在ECDIS上套疊顯示，大部分仍然是文字形式的資料，必須由人工轉繪到海圖上。此外，現有的氣象航路服務是由岸上以海洋與氣象預測資料庫為各別船舶產生航路建議再傳送給該船舶。如果能把海洋與氣象資訊設計成為與S57相容的物件，利用ECDIS的自動更新機制即時更新這些資訊，則只要提供一套預測產品，由各船自行處理產生航路建議即可。如此一來，船長將能彈性地調整參數、評估不同的航路計畫、選擇航路並顯示資料，而ECDIS的航路檢核、航路監視等功能也將能延伸，自動偵測航路上可能的惡劣天候海況是否超出使用者設定的船舶耐受度限制，並提供警告與指示。

16.1.3 海洋環境敏感區

　　海洋環境敏感區(Environmentally Sensitive Sea Areas, ESSAs)是指因各種環境因素而被視為敏感的區域。ESSA主要可分為兩大類：一是為了保護特定自然生態而設，另一類則是為了更廣泛的環境考量(包括航運風險、社會經濟、甚至科學)而設置的。屬於IMO層級的ESSA有防止船舶污染國際公約(MARPOL73/78)所訂的特殊區域(Special Areas)、海洋環境保護委員會(MEPC)通過的特別敏感海域(PSSAs)、以及船舶航路(Ships' Routeing)的避航區(ATBAs)、禁錨區等。在海圖上呈現ESSA的劃定區界

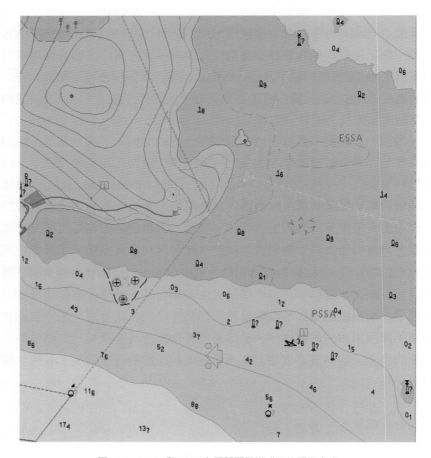

圖16-1　ESSA和PSSA在日間顯示模式下的顯示方式

以及區域內的強制性保護措施，其最主要的目的是把ESSA對海上活動的影響
(例如：為了防止污染的限制排放措施，限制進入、錨泊或漁撈，船舶設定航
路、船舶報告系統，強制引水等)以及ESSA的敏感特性告知海上航行與作業人
員，使其在訂定相關計畫與決策時能據以避免對環境造成損害。

　　因此IHO已經為ESSA研擬新的MIO與海圖圖例符號，使ESSA的資訊能
有效整合至電子海圖。預期ESSA將以類似於S57現有「限制區域」物件的方
式表示(如圖16-1)，在其「限制類別」屬性列出該區域的相關限制項目，並且
把附帶的保護措施以「文字說明檔」屬性連結外部檔案提供查詢顯示。整合
ESSA與ENC的電子海圖用於ECDIS的航路計畫與航路監視功能，ECDIS將能
以警報或指示提醒航海者在該區域內應該注意或關心的事物。

　　美國Florida Keys國家海洋保護區是IMO已公告的PSSA之一(澳洲的大堡
礁是第一個)。目前NOAA正為該地區執行一個名為「珊瑚礁電子海圖」的先
導計畫，擬將該區域的珊瑚礁、海洋保護區和其他海洋GIS等現有資訊轉換成
適用於ECDIS的格式，成為海洋資訊物件(MIO)的一部分。目的正是將生物與
法規面的重要環境保護資訊提供給航海者，以強化海洋資源保育。

16.2　船舶交通管理與港埠資訊系統

　　電子海圖已是新一代船舶交通服務的必備規格項目，也是所有VTS資訊
匯流整合的平台。進出各國際港的船舶多已持續透過AIS報告本船的船名、長
寬、吃水、GPS船位與天線位置、航向航速與艏向，這使得整合電子海圖與
AIS目標資訊的VTS更能掌握船舶之間以及船舶與環境之間的確實狀況，例如
圖16-2。圖16-2是海洋大學電子海圖研究中心研發的「船舶交通資訊系統」整
合高雄港AIS船舶資訊與電子海圖的部分畫面，該系統於2004-2005年間曾長
期提供基隆港與台中港使用。在整合電子海圖的VTS系統中，無論是雷達追
蹤目標或AIS目標報告的船舶動態，各目標所在位置的確認、是否有擱淺觸礁
碰撞等危機、是否遵循各區水域的航行規則與限制、是否偏離航道等，都將
能依據電子海圖內容資訊，結合電子海圖系統的即時操作式GIS功能，提供自
動化的分析處理。

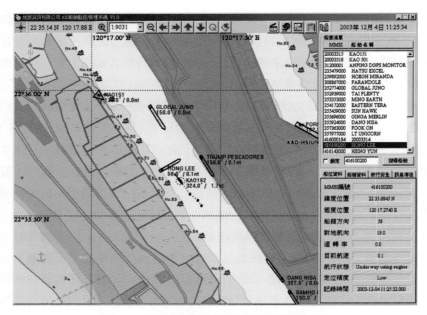

圖16-2　基於AIS與電子海圖的船舶交通資訊系統

電子海圖也被視為港埠管理不可或缺的基本資訊與工具。以美國San Diego港的海洋資訊系統(San Diego Marine Information System, SDMIS)所提供的網路服務為例，SDMIS的關鍵技術包括：以無線電傳輸的即時海測感測資訊、重點區域的即時數位攝影、含最新船舶進出港排程資訊的線上船舶資料庫，可即時取閱的港埠安全計畫、以及溢油與海事報告系統等區域應變策略資訊。網頁上的風/流/潮位資訊大約每5分鐘更新一次，SDMIS並提供了互動式電子海圖，以潮位資訊更新電子海圖上所顯示的水深。海洋大學電子海圖研究中心也曾於1998年把簡單的潮位計算功能整合於電子海圖系統，使ECDIS的航路檢核與監視功能都能依據預估潮汐狀況下的水位提供警告。

16.3　海域劃界與資源管理

電子海圖可整合水域與陸域資訊以符合管理海岸地帶之需求，更可整合路網資訊以支援連結海陸交通的智慧型海運系統。

海域功能區劃和相關的管理法規應該能整合呈現在電子海圖上，供海上

航行與作業人員參照遵行。專屬經濟海域、國家漁場、漁區等海上區界更是漁船作業管理的必要資訊。以各國與各區域漁業管理組織為了漁業資源管理而採行的漁船監控系統(Vessel Monitoring System, VMS)措施為例，漁船是否在禁漁期進入限漁區、是否越界捕魚、是否已進入他國專屬經濟海域、是否已進港等，都可以利用近即時的漁船船位、航跡與電子海圖中的相關區界資訊，自動提供違規偵測警告與相關統計而有效支援漁業資源管理。圖76是海洋大學電子海圖研究中心為漁業署與中華民國對外漁業合作發展協會研發建置的網路分散式VMS管理系統，用於遠洋與沿近海漁船監控管理。

圖16-3　電子海圖系統技術應用於VMS漁船監控管理

16.4　海上電子公路

「海洋電子公路(Marine Electronic Highway，MEH)」是整合環境管理保護系統與海事安全技術的創新性資訊高速公路與基礎建設系統，其目的在於以強化的海事資訊服務提昇航行安全，整合環境保護與海岸海洋資源的永續發展。其技術組成是以各國的「電子海圖(ENC)」為骨幹，整合差分式衛星定位技術(DGPS)、船舶自動識別系統(AIS)取得的動態資訊、並鏈結即時海氣象與相關環境資訊的通訊傳輸。

海洋電子公路的研發始於1997年由世界銀行出資的東南亞海洋電子公路可行性研究，根據國際海事組織的MEH簡報(如圖16-4)，區域海洋電子公路的發展在國際海事組織(IMO)的主導下，自2003年10月起以4年的時間將投入約1200萬美元，以麻六甲與新加坡海峽為目標範圍，建置可以永續運作的MEH系統。此概念已陸續應用到西印度洋、黑海、加拿大東岸等其他地區。

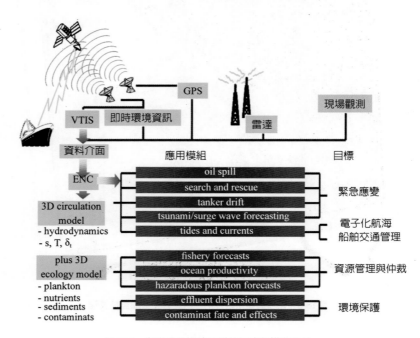

圖16-4　海洋電子公路的系統組成架構與應用

規劃中的MEH應用功能包括：

1. 溢油防控、搜救、海嘯預測等緊急應變。
2. 電子化航海與船舶交通管理。
3. 漁業預測、海洋生產力等資源管理。
4. 排放物與污染物影響等環境保護相關應用。

16.5 電子化航海

　　電子化航海(e-Navigation)是被國際海事組織(IMO)、國際海測組織(IHO)與國際助導航與燈塔協會(IALA)這三個國際組織列為高度優先的議題。E-navigation名詞已出現多年，正式成為國際海事組織主要議題則是源自於日本、馬紹爾、荷蘭、挪威、新加坡、英國與美國在2005年12月IMO海安會(Maritime Safety Committee, MSC)第81次會議的聯合提案，案名是「Development of an E-navigation Strategy」。提案的目的是：由IMO發展擘劃出明確的策略性願景，以整合運用所有的航海用技術工具(尤其是電子式的工具)，符合IMO提供「safe, secure, and efficient shipping on clean ocean」的宗旨。更明確的目的是：希望IMO儘快訂定一個系統性架構，在引進新的技術時確保能和現有的各種電子式導航通訊技術與服務相容。MSC決議通過提案，把「發展e-Navigation策略」列為高度優先項目，目標完成日期訂為2008年。在執行面參與e-navigation工作小組的國際組織除了IALA、IHO與IEC(國際電子技術委員會)之外，還有ICS(International Chamber of Shipping)、國際海事無線電委員會(Committee International Radio Maritime, CIRM)等。

　　在IMO MSC的E-navigation原始提案中列出的現有或發展中的幾個主要技術或服務，包括：船舶自動識別系統(Automatic Identification System, AIS)、電子海圖顯示與資訊系統(Electronic Chart Display and Information Systems, ECDIS)、整合船橋系統／整合導航系統(Integrated Bridge Systems/Integrated Navigation Systems, IBS/INS)、自動雷達測繪裝置(Automatic Radar Plotting Aids, ARPA)、無線電導航系統、遠距識別與追蹤系統(Long Range Identification and Tracking systems, LRIT)、船舶交通服務(Vessel Traffic Services, VTS)、全球遇險與安全系統(Global Maritime Distress and Safety

System, GMDSS)。

　　根據目前各國際組織對於E-navigation的共識，可從船上、岸上、通訊這三個觀點來看e-navigation。

　　就海上船舶而言，e-navigation是個可以把本船的各種航儀感測器、輔助資訊、標準化使用介面、和充份管理監測與警報的系統整合起來產生具體效益的導航系統。這樣一個系統的核心元素包括：高度完整可靠的電子定位、電子航行海圖(ENC)和用以避免人為疏失並減低人員工作負荷的自動分析功能。目前最符合此定義的應是ECDIS。

　　就岸上而言，e-navigation是藉由改善資料的提供、協調、與交換，以更充分而能讓岸上操作人員了解並運用的資料來強化岸基的船舶交通管理與相關服務，支援船舶的安全與效率。目前符合此定義的是VTS，尤其是已採用AIS技術的VTS，更符合的則是區域性的VTS/AIS網路，例如：波羅的海HELCOM公約國甚至歐盟的網路式架構。

　　就通訊而言，e-navigation是個基礎架構，提供本船、船與船之間、船與岸之間、以及岸上的主管單位或其他相關單位之間經過授權的無縫式資訊傳輸。效益之一是減低單一個人的錯誤。

　　跨組織的e-navigation通訊小組在2007年4月提給NAV 53會議的報告中，有聚焦於船舶系統整合的e-navigation架構圖(如圖16-5)，也有從輸入與輸出效益描述e-navigation的概念模型圖，其中輸入分為即時或近即時更新的資訊例如雷達與AIS、長效型參考資訊例如電子海圖刊物與海氣象預報或統計、以及組織方面的法規協定與品管訓練等。IALA e-Navigation委員會提出的系統架構圖則是著重在航行安全所需要的電子航海環境與程序流程。從這些系統架構或概念模型圖，可以看出：隨著電子資訊與通訊技術的快速進展而不斷被推出新的技術、系統、服務與規範，確實迫切需要在IMO層級儘快擬出一套電子化航海的策略，才能真正落實技術發展對於航行安全效率與環境保護的效益。

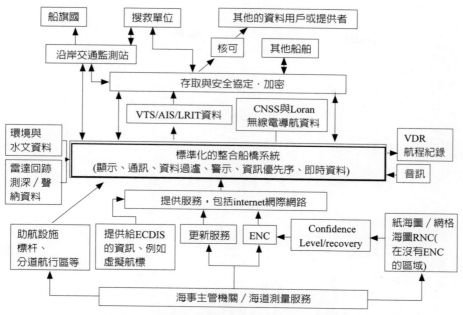

圖16-5　以整合船橋系統為中心的e-navigation系統架構

ECDIS的設備性能標準

IMO Assembly Resolution A.817(19)
adopted on 23 November 1995

PERFORMANCE STANDARDS FOR ELECTRONIC CHART DISPLAY AND INFORMATION SYSTEMS (ECDIS)

電子海圖顯示與資訊系統性能標準

1. 前言

1.1　ECDIS的主要功能在於增進海上航行安全。

1.2　具有充份備援安排的ECDIS可以被視為符合1974年聯合國海上人命安全公約第五章第20條(V/20 of SOLAS 1974)所要求的最新(up-to-date)海圖。

1.3　ECDIS除了必須符合全球海上遇險與安全系統(GMDSS)中對於船舶無線電設備的一般要求，以及國際海事組織第A.694(17)決議案(IEC 60945)對於電子助航設備的一般要求之外，還應該符合此執行標準的要求。

1.4　ECDIS應能顯示由政府授權之海道測量機關為了安全又有效率的航行之需，而製作並授權發行的所有海圖資訊。

1.5　ECDIS應促使電子海圖資訊能以簡易而可靠的方式更新。

1.6　相對於使用紙質海圖，使用ECDIS應能減輕航海工作負荷。此系統應能

讓航海人員得以方便省時的方式執行所有航路計劃、航路監視與定位等目前在紙海圖上執行的工作。此系統應能連續繪出船位。

1.7 ECDIS對於海圖資訊的展現，至少應該和官方版紙海圖具有同等的可靠度與可用度。

1.8 關於顯示的資訊或設備的異常，ECDIS應提供適當的警示訊息(alarms)或訊息指示(indications)(見附錄五)。

1.9 有些ECDIS在無法取得適當格式(詳見第4條)的相關海圖資訊時可以操作在Raster Chart Display System(RCDS)模式。RCDS模式的定義在附錄7。除非附錄7另有規定，否則RCDS操作模式應該符合此ECDIS性能標準。

2. 定義

在此執行標準中的名詞定義如下：

2.1 電子海圖顯示與資訊系統(Electronic chart display and information system, ECDIS)是指一種航海資訊系統，此系統藉著顯示篩選自系統電子海圖(SENC)的資訊、從航海感測裝置取得的位置資訊、以及依需求顯示額外的航海相關資訊，來輔助航海人員執行航路計劃與航路監視。在充份的備援安排下，可以被視為符合1974年聯合國海上人命安全公約第五章第20條(V/20 of SOLAS 1974)的最新海圖。

2.2 電子海圖(Electronic navigational chart, ENC)是內容結構與格式都已標準化的資料庫，由政府授權的海測局授權發行，供ECDIS使用。ENC包含安全航行必要的所有海圖資訊，除了紙海圖上已有的資訊以外，也可以包含其他安全航行所需的補充資訊(例如：航行指南)。

2.3 系統電子海圖(System electronic navigational chart, SENC)是指一種資料庫，此資料庫包括：ECDIS系統讀取ENC後轉換所得的資料、以適當方式執行的ENC更新資料、以及由航海人員加入的其他資料。此資料庫是ECDIS產生顯示畫面或執行其他航海功能時實際使用的資料庫，相當於最新的紙海圖。SENC也可以包含其他來源的資訊。

2.4 標準顯示(Standard display)是指ECDIS一開始顯示海圖應該顯示的SENC資訊。「標準顯示」提供給航路計劃或航路監視用的資訊類別層級可以再由航海人員依其需求增減之。

2.5 基本顯示(Display base)是指SENC資訊中不能從顯示幕上移除的資訊內

容，是在任何地區、任何狀況、任何時間都應顯示的必要資訊。但是對安全航行而言，不一定是充分的資訊。

2.6　國際海測組織(IHO)的特殊出版品S-52的附錄三有更多ECDIS相關名詞定義資訊。(ECDIS相關名詞定義已經於2007年改納入IHO S32)

3. 系統電子海圖資訊的顯示

3.1　ECDIS應能顯示所有SENC資訊。

3.2　在航路計劃與航路監視時可顯示的SENC資訊應分為三類：基本顯示、標準顯示、與所有其他資訊(見附錄二)。

3.3　ECDIS應能隨時以單一操作動作展現標準顯示內容。

3.4　當ECDIS一開始顯示海圖時，應該以SENC在該顯示區域內可得的最大比例尺資料提供「標準顯示」。

3.5　應能簡單地在ECDIS的顯示幕上增加或移除資訊。屬於「基本顯示」的資訊應該無法移除。

3.6　ECDIS應能讓航海人員從SENC提供的等深線中選擇安全等深線(safety contour)。相較於顯示幕上的其他等深線，ECDIS應能強調該安全等深線。

3.7　ECDIS應能讓航海人員選擇安全水深值。一旦選擇要顯示水深點(spot soundings)，ECDIS應能強調深度等於或少於安全水深的水深點。

3.8　應顯示ENC及其所有更新資訊，且維持其資訊內容的品質。

3.9　ECDIS應提供方法確保ENC及所有更新資訊都已正確地載入SENC中。

3.10　ENC資料及其更新資訊應能和其他顯示的資訊(例如附錄三所列者)清楚區別。

4. 海圖資訊的提供與更新*

4.1　ECDIS所用的海圖資訊必須是政府授權之海測局的最新版本，而且必須符合國際海測組織(IHO)的標準。

4.2　依1974年聯合國海上人命安全公約第五章第20條(V/20 of SOLAS 1974)之要求：就預定的航程而言，SENC的內容必須是適當充分且最新的。

---

* Appendix 1 to IHO Special Publication S-52

4.3　應該不可能改變ENC的內容。

4.4　更新資訊應該和ENC分開儲存。

4.5　ECDIS必須能接受符合IHO標準的官方ENC更新資訊。這些更新資訊應自動應用於SENC。無論是以哪一種方式接收更新資訊，該實作程序不得干擾使用中的顯示畫面。

4.6　ECDIS也應該能接受人工手動輸入的ENC更新資訊，並且在真正接受更新之前，提供簡單的確認方法。手動輸入的更新資訊在顯示幕上應能和ENC資訊及其官方更新資訊區別，而且不得影響顯示幕的可讀性。

4.7　ECDIS應就海圖資訊的更新作成記錄，包括應用納入SENC的時間。

4.8　ECDIS應該讓航海人員可以顯示海圖更新資訊，讓航海人員得以檢視更新的內容，並確定這些更新資訊已經被納入SENC。

5. 比例尺

　　ECDIS應該對下列狀況提供訊息指示：

5.1　資訊以大於ENC內設值的比例尺顯示。

5.2　有一涵蓋本船船位的ENC比例尺大於目前顯示的ENC。

6. 其他航海資訊的顯示

6.1　雷達資訊或其他航海資訊可以附加於ECDIS上顯示，但不得使SENC資訊劣化，而且應能與SENC資訊清楚區別。

6.2　ECDIS與附加的航海資訊應該使用同一參考系統，否則ECDIS應提供訊息指示。

6.3　雷達

　　6.3.1　轉移到ECDIS的雷達資訊可以包括雷達影像與ARPA資訊。

　　6.3.2　如果是把雷達影像附加於ECDIS顯示，海圖和雷達影像的比例尺與取向(orientation)都應該互相匹配。

　　6.3.3　雷達影像與位置感測器提供的船位都應該依據天線偏離船舶駕駛台位置的位移而自動調整。

　　6.3.4　應能手動調整船舶的顯示位置，使雷達影像與SENC的顯示吻合。

　　6.3.5　應能以單步操作移除雷達影像。

7. 顯示模式與鄰近區域的產生

7.1 ECDIS應隨時可以採「真北朝上(north-up)」的取向顯示SENC。允許使用其他顯示取向。

7.2 ECDIS應提供「真實運動(true motion)」模式，並允許其他模式。

7.3 採用真實運動模式時，應能在離顯示幕邊界一段距離處自動重置並產生鄰近區域的顯示，此距離由航海人員設定。

7.4 應能手動調整海圖區域和本船船位相對於顯示幕邊緣的位置。

8. 色彩與符號

8.1 應採用IHO建議的色彩與符號(IHO S52, Appendix 2)展現SENC資訊。

8.2 除了8.1提到的色彩符號之外，ECDIS採用的色彩符號是由IEC出版(IEC 61174)的，用以描述航海元素與參數(列於附錄三)。

8.3 當SENC資訊以ENC內定的比例尺顯示時，應該使用指定大小的符號、數字與文字。

8.4 ECDIS應能讓航海人員選擇是要以真實比例尺顯示本船還是以符號顯示本船。

9. 顯示功能的要求

9.1 ECDIS應能顯示資訊供下列用途：

    9.1.1 航路計劃和附帶的航海工作。

    9.1.2 航路監視。

9.2 航路監視時展現海圖的有效尺寸至少應有270mm×270mm。

9.3 顯示幕應能符合IHO建議的色彩與解析度(IHO S52, Appendix 2)。

9.4 展現的方式應該確使一個以上的觀察者，在船橋上的正常光線狀況下，無論白晝與夜間都能清晰地看見顯示的資訊。

10. 航路計劃、監視與航程記錄

10.1 應能簡單可靠地執行航路計劃與航路監視。

10.2 ECDIS的設計應依循人體工學原則使系統操作具備使用者親和力。

10.3 ECDIS對於穿越本船安全等深線和進入禁制區域的警報或訊息指示，以及附錄五所列的警報或訊息指示狀況，都應該以SENC在該區域內的最

大比例尺資料為依據。

10.4 航路計劃

10.4.1 應能執行包括直線與曲線航段的航路計劃。

10.4.2 應能對航路計劃作如下調整：

10.4.2.1 在航路上增加航路點(或轉向點)。

10.4.2.2 刪除航路上的航路點(或轉向點)。

10.4.2.3 改變航路點的位置。

10.4.2.4 變更航路上各點的順序。

10.4.3 除了選定的航路之外，應能規劃另一替選航路(alternative route)。選定的航路和其他的航路之間應能明顯區別。

10.4.4 當航海人員規劃的航路穿越本船的安全等深線時，應以訊息指示。

10.4.5 當航海人員規劃的航路穿越禁止區域或是有特殊狀況的區域(見附錄四)邊界時，應以訊息指示。

10.4.6 應能由航海人員在規劃的航路兩旁指定偏航限制，超出此限制，將觸發自動的偏航警示(off-track alarm)。

10.5 航路監視

10.5.1 監視航路時，在海圖顯示範圍內的選定航路和本船船位應予顯示。

10.5.2 在監視航路時，應能顯示不包括本船位置的海域(例如：為了預視前方或規劃航路)。如果是和航路監視用同一個顯示幕，則自動航路監視功能(例如：更新本船位置、提供警報與訊息指示)應該持續作用，而且應該能以單步操作讓顯示幕回復成涵蓋本船位置的航路監視顯示畫面。

10.5.3 如果在航海人員設定的時限內本船將航越安全等深線，ECDIS應發出警報。

10.5.4 如果在航海人員設定的時限內本船將航越禁航區或存在特殊狀況的區域邊界時，ECDIS應依航海人員的選擇發出警報或訊息指示。

10.5.5 當本船偏離預定航路超出限制範圍時，ECDIS應發出警報。

10.5.6　本船的船位應該取自一個連續定位系統，其準確度應能符合安全航行的要求。應該儘可能提供第二個不同型式的獨立定位方法，ECDIS應能辨識兩套定位系統之間的差異。

10.5.7　當來自定位系統的輸入消失時，ECDIS應該提供警報。當定位系統把任何警報或訊息指示傳送給ECDIS時，ECDIS也應該以訊息指示的方式予以重複。

10.5.8　當本船在航海人員設定的時限或距離內將抵達預定航路上的關鍵位置點時，ECDIS應發出警報。

10.5.9　定位系統與系統電子海圖(SENC)應使用相同的地理坐標基準。若非如此則ECDIS應發出警報。

10.5.10　除了選定之航路外，應能選擇顯示其他替選航路。選定的航路與替選航路之間應能明顯區別。航路監視時，航海人員應能修改選定的航路，或改採替選航路。

10.5.11　應能顯示：

10.5.11.1　需要時手動以及依1~120公尺間距(由航海人員選擇)自動產生之本船航跡沿線的時間標記。

10.5.11.2　足夠的點、可以自由移動的電子方位線、可變與固定的距離圈、以及其他如附錄三所列航海用符號。

10.5.12　應能輸入任何位置的地理坐標，再依照要求顯示該位置。此外應能選擇顯示幕上的任何一點(圖徵、符號或位置)，並依照要求讀取該點的地理坐標。

10.5.13　應能手動調整船舶的地理位置。應該在螢幕上以文數字註記這個手動調整的動作，直到被航海人員變更為止，而且應該自動記錄此動作。

10.6　航程記錄

10.6.1　ECDIS應儲存並能重新產生某些最低限度的元素以重建前12小時的航行過程並確證其間所用的官方資料庫。下列資料應該每隔1分鐘記錄一次：

10.6.1.1　時間、位置、艏向、速度，以記錄本船的歷史航跡。

10.6.1.2　ENC的來源、版本、日期、圖幅與更新歷史，以記錄使用的官方資料。

10.6.2　此外ECDIS應記錄整個航程的完整航跡，其標註時間的間隔不得超過4小時。

10.6.3　記錄的資訊應該不可能被竄改。

10.6.4　ECDIS應能保存前12小時的記錄以及整個航程的航跡記錄。

11. 準確度

11.1　ECDIS執行的所有計算，其準確度應該和輸出裝置的特性無關，而且應該和SENC的準確度一致。

11.2　無論是畫在顯示幕上的方位距離或是從原本就畫在顯示幕上的圖徵之間量得的方位與距離，其準確度都應該不少於該顯示幕解析度所能提供的準確度。

12. 與其他設備之間的連接*

12.1　ECDIS不應該使任何提供感測輸入的設備降低性能。連接選項設備也不應該使ECDIS的性能降至低於此標準。

12.2　ECDIS應該連接提供連續定位、船艏向與航速資訊的系統。

13. 性能測試、故障警示與訊息指示

13.1　ECDIS應備有能在船上自動或手動實施主要功能測試的工具。如果測試不通過，應顯示資訊指出故障的模組。

13.2　系統故障異常時，ECDIS應提供適當的警報或以訊息指示。

14. 備援安排

應提供充分的備援安排，在ECDIS故障時確保安全航行。

14.1　應提供能安全地接替ECDIS功能的設施以確保在ECDIS故障時不至於導致危急的狀況。

14.2　應提供備援安排以利於ECDIS故障時輔助後續航程的航行安全。

15. 電源供應

15.1　依照1974年聯合國海上人命安全公約第II-1章對緊急電源的要求，以緊

---

* IEC Publication 61162

急電源供應電力時，應能操作ECDIS以及ECDIS正常運用所需的所有設備。

15.2　轉換電源或是任何電源中斷的狀況，只要是在45秒內，應該不需要以手動方式重新啟動設備。

IMO PS Appendix 2

航路計畫與航路監視期間可以顯示的系統電子海圖

1. 基本顯示—永遠留在ECDIS顯示幕上，內容包括：

1.1　岸線(高潮線)。

1.2　本船安全等深線，由航海人員選定。

1.3　安全水域內水深值少於安全等深線深度值的孤立水下危險物指示。

1.4　安全水域內的孤立危險物指示，例如：橋樑、上方的電纜等，包括浮標與標杆。

1.5　交通航路系統。

1.6　海圖比例尺、範圍、顯示方向與顯示模式。

1.7　深度與高度的單位。

2. 標準顯示－ECDIS一開始顯示海圖時的內容，包括：

2.1　基本顯示。

2.2　涸線。

2.3　固定與浮動航標的指示。

2.4　主航道與航道等的邊界。

2.5　視覺顯著與雷達顯著的圖徵。

2.6　禁止與限制區域。

2.7　海圖比例尺的邊界。

2.8　注意事項指示。

3. 所有其他資訊—依需求個別選擇顯示的所有其他資訊，包括：

3.1　點深度。

3.2　海底電纜與管線。

3.3　渡輪的航路。

3.4　所有孤立危險物的細節。

3.5　所有航標或助航設施的細節。

3.6　注意事項的內容。

3.7　電子海圖出版日期。

3.8　地理坐標基準。

3.9　磁差。

3.10　經緯線。

3.11　地名。

IMO PS Appendix 3

航海元素與參數*

1.1　本船

1.2.1　主要航跡的歷史航跡附帶時間標記

1.2.2　次要航跡的歷史航跡附帶時間標記

1.3　實際航向與船速的向量

1.4　可調距離圈(VRM)及／或電子方位線(EBL)

1.5　游標

1.6　事件(event)

1.7.1　推算(DR)船位與時間

1.7.2　估測船位(EP)與時間

1.8　定位點與時間

1.9　位置線與時間

1.10　航進位置線與時間

1.11.1　預測的潮流或水流向量，在方格中附註有效時間與強度

1.11.2　實際的潮流或水流向量，在方格中附註有效時間與強度

1.12　危險的突顯強調

---

* see IEC Publication 61174

1.13　安全線

1.14　規劃的實際航向與航速，速度標示在方格裡

1.15　航路點或轉向點

1.16　剩下的距離

1.17　規劃的位置，附日期與時間

1.18　燈光光弧的目視極限－地理見距(即燈光高度的地平距離)

1.19　用舵位置與時間

IMO PS Appendix 4

存在特殊狀況的區域

下列是ECDIS必須偵測並依據10.4.5與10.5.4節提供「警報」或「指示」的區域：

Traffic separation zone	分道帶/分隔區
Traffic routeing scheme crossing or roundabout	分道航行制交叉或圓環
Traffic routeing scheme precautionary area	分道航行制警戒區
Two-way traffic route	雙向通行航路
Deepwater route	深水航路
Recommended traffic lane	推薦航道
Inshore traffic zone	近岸通行帶
Fairway	主航道
Restricted area	限制區
Caution area	警戒區
Offshore production area	海上/外海生產區
Areas to be avoided	避航區
Military practice area	軍事演習區
Seaplane landing area	水上飛機降落區
Submarine transit lane	潛艦穿越道
Ice area	冰區
Channel	航道
Fishing ground	漁場
Fishing prohibited	禁止漁撈區
pipeline area	管線區

Cable area	電纜區
Anchorage area	錨泊區
Anchorage prohibited	禁止錨泊區
Dumping ground	傾倒區
Spoil ground	傾倒區
Dredged area	濬深區
Cargo transhipment area	貨物轉運區
Incineration area	焚化區
Specially protected areas	特別保護區

IMO PS Appendix 5

警報 (A) 與指示 (I)

對應章節	要求	資訊
10.3	A or I	依據最大比例尺資訊發出警報
10.4.6	A	超出偏航限制
10.5.3	A	穿越安全等深線
10.5.4	A or I	特殊狀況區
10.5.5	A	偏離航路
10.5.7	A	定位系統失效
10.5.8	A	接近關鍵點
10.5.9	A	地理坐標基準不同
13.2	A or I	ECDIS故障或異常
5.1	I	海圖資訊被過度放大顯示
5.2	I	還有更大比例尺的ENC
6.2	I	加入的航海資訊使用不同的參考系統
10.4.4	I	規劃的航路穿越安全等深線
10.4.5	I	規劃的航路穿越特定區域
13.1	I	系統測試失敗

「警報(alarm)」與「指示(indication)」的差別在於後者是以視覺上的指示提供關於系統或設備狀況的資訊，而前者則是發出聲音或同時以聲音和視覺的方式宣告需要注意的狀況。

國家圖書館出版品預行編目資料

電子海圖：整合式導航資訊系統＝Electronic
navigational chart: intergrated
information and display／張淑淨著.
－－初版.－－臺北市：五南圖書出版股份
有限公司, 2009.10
　面；　公分
ISBN 978-957-11-5820-4（平裝）

1.導航　2.地圖資訊系統

444.6029　　　　　　　　　98019259

5I20

電子海圖──整合式導航資訊系統
Electronic Navigational Chart-Integrated Information and Display

作　　　者 — 張淑淨（220.3）

發 行 人 — 楊榮川

總 經 理 — 楊士清

總 編 輯 — 楊秀麗

副總編輯 — 王正華

責任編輯 — 李佳惠

封面設計 — 簡愷立

出 版 者 — 五南圖書出版股份有限公司

地　　　址：106台北市大安區和平東路二段339號4樓

電　　　話：(02)2705-5066　　傳　　真：(02)2706-6100

網　　　址：https://www.wunan.com.tw

電子郵件：wunan@wunan.com.tw

劃撥帳號：01068953

戶　　　名：五南圖書出版股份有限公司

法律顧問　林勝安律師

出版日期　2009年10月初版一刷
　　　　　2024年 2 月初版六刷

定　　　價　新臺幣450元

經典永恆・名著常在

五十週年的獻禮——經典名著文庫

五南，五十年了，半個世紀，人生旅程的一大半，走過來了。

思索著，邁向百年的未來歷程，能為知識界、文化學術界作些什麼？

在速食文化的生態下，有什麼值得讓人雋永品味的？

歷代經典・當今名著，經過時間的洗禮，千錘百鍊，流傳至今，光芒耀人；

不僅使我們能領悟前人的智慧，同時也增深加廣我們思考的深度與視野。

我們決心投入巨資，有計畫的系統梳選，成立「經典名著文庫」，

希望收入古今中外思想性的、充滿睿智與獨見的經典、名著。

這是一項理想性的、永續性的巨大出版工程。

不在意讀者的眾寡，只考慮它的學術價值，力求完整展現先哲思想的軌跡；

為知識界開啟一片智慧之窗，營造一座百花綻放的世界文明公園，

任君遨遊、取菁吸蜜、嘉惠學子！